Bibliothek
des Freizeitmalers

W0215842

David K. Rubins

Anatomie für Künstler

Otto Maier Verlag
Ravensburg

© The Studio Publications, Inc. 1953
Die amerikanische Originalausgabe ist
unter dem Titel „The Human Figure –
An Anatomy for Artists“ bei The Viking Press,
New York, erschienen.
Alle Rechte der deutschen Buchbearbeitung
liegen beim Otto Maier Verlag Ravensburg.
Übersetzung: Maximiliane von Meng
Printed in Germany

87 86 12 11 10 9

ISBN 3-473-48234-X
(früher: ISBN 3-473-61106-9)

Vorwort

Die Anatomie für Künstler wurde hauptsächlich zu dem Zweck geschrieben, ein bequem verwendbares Handbuch zu schaffen, das dem Künstler die anatomischen Gegebenheiten des menschlichen Körpers in einfachster und einprägsamster Form nahebringt. Eine reine Anatomie mag dem Anatomielehrer oder dem Künstler, der sie als Nachschlagewerk benutzt, genügen – einem Kunstschüler ist meiner Ansicht nach damit allein noch nicht gedient. Außer der Darstellung, Aufzählung und Beschreibung der Formen von Knochen und Muskeln, habe ich daher auch eine Beschreibung ihrer Funktionen und ihres Baues vom Standpunkt des ihnen innewohnenden logischen und gestalterischen Prinzips zu geben versucht. In einigen Teilen dieses Buches habe ich es unternommen, den Bau des menschlichen Körpers vereinfacht darzustellen, in der Zeichnung der Oberflächenformen habe ich die charakteristischen Merkmale hervorgehoben, und bei den Bildtafeln der Muskeln und Knochen ist es meine Absicht gewesen, dem Kunstschüler die Schönheit der einzelnen Körperteile, ihr Abgestimmtsein aufeinander und den Rhythmus des Ganzen näherzubringen. Ich hoffe, daß es mir bis zu einem gewissen Grade gelungen ist, meine eigene Begeisterung für die künstlerische Darstellung des menschlichen Körpers meinen Lesern mitzuteilen und dadurch in ihnen den Wunsch zum gründlichen Studium der Materie zu wecken. Die westliche Kunst weist eine lange Tradition in der Darstellung des menschlichen Körpers auf, und es scheint mir, daß ein wirkliches Verständnis seiner Anatomie heute so wichtig ist wie nur je zuvor. Die Kenntnis der menschlichen Anatomie ist als verläßliche Grundlage genau so wichtig für stilisierte wie für abstrakte oder bis ins einzelne gehende realistische Darstellungen.

Das zum Verständnis notwendige Wissen wird in erster Linie durch die Zeichnungen vermittelt, denn die Anschauung ist die wirksamste und dem Künstler gemäßeste Lernmethode. Der Begleittext kommt erst in zweiter Linie und ist als Ergänzung aufzufassen. Meine Erfahrung als Zeichenlehrer und Lehrer der Anatomie und Skulptur hat mir nicht nur diese Darstellungsweise nahegelegt, sondern mir auch die Auswahl aus dem vorhandenen Stoff erleichtert. Es ist genug in diesem Buch enthalten, um auch Schüler mit hohen Anforderungen zufriedenzustellen, andererseits aber dem Künstler eine Grundlage für die ihm gemäßen Vereinfachungen an die Hand zu geben. Wenn das Buch dem Anfänger schwierig erscheint, so will ich nicht gegen diesen Eindruck ankämpfen, ist es doch meine Überzeugung, daß es keinen mühelosen Weg und keine magische Methode zum wirklichen Verständnis des menschlichen Körpers gibt.

Was nun die Einzeldarstellungen betrifft, so zeigen die Bildtafeln in erster Linie jene Knochen, Muskeln und Sehnen, welche die menschliche Gestalt prägen. Sie sind mit einer gewissen Modellierung gezeichnet, um einen dreidimensionalen Eindruck einer jeden Form zu vermitteln. Der Faserverlauf ist bei den Muskeln angedeutet, und ihre charakteristischen Formen sind vereinfacht und gleichzeitig etwas übertrieben dargestellt, so wie sie sich etwa bei einem sehr muskelstarken Mann dem Auge darbieten. Wo mehrere Muskeln eine Gruppe bilden, weil sie eine gemeinsame Funktion haben oder an der Körperoberfläche als zusammenhängende Muskelmasse erscheinen, ist dieser Zusammenhang bis zu einem gewissen Grade auch in der Zeichnung gewahrt. Die Stellung des Unterarms in den Bildtafeln, mit der Handfläche der Außenseite des Oberschenkels zugekehrt, weicht von der Darstellung in medizinischen und vielen künstlerischen Anatomiebüchern ab. Die hier gewählte Stellung hat aber den Vorzug der größeren Natürlichkeit, und man sieht sie am häufigsten.

Die in die Bildtafeln aufgenommenen medizinischen Bezeichnungen wurden aus Gründen der Genauigkeit und Vollständigkeit aufgeführt. Sie bieten für diejenigen Kunstschüler eine Annehmlichkeit, denen sie schon bekannt sind. Wer des Lateinischen mächtig ist, kann oft aus den Namen der Knochen und Muskeln eine Beschreibung ihrer Funktion, Lage oder Form herauslesen. Da die medizinischen Fachausdrücke jedoch keine ganz folgerichtige Logik aufweisen, sind sie schwer zu erlernen und für den Künstler eigentlich auch unwichtig. Wo irgend möglich, sind im beschreibenden Text die umgangssprachlichen Bezeichnungen für die Muskeln und Knochen gebraucht worden. Lateinische Namen im Text sind nur dort verwendet worden, wo sie Irrtümer oder Ungenauigkeiten zu vermeiden helfen.

Der Text ergänzt die Bildtafeln auf verschiedene Weise, indem er die Funktionen der Knochen, die Art und Wirkungsweise der Gelenke und die Ansatzpunkte, Gruppierungen und Funktionen der Muskeln näher erläutert. Jeder Körperteil ist beschrieben, wobei die Ausführlichkeit der Beschreibung meistens von der Wichtigkeit des betreffenden Teiles abhängt. Wo ein Muskel auf der Zeichnung nur unvollständig erscheint oder eine Ansatzstelle nicht deutlich sichtbar oder verdeckt ist, übernimmt der Text die Klärung und Ergänzung. Die Zeichnungen, die den Bewegungen in den verschiedenen Gelenken gewidmet sind, zeigen nur die einfachsten Bewegungen und die wichtigsten dabei beteiligten Muskeln. Diese drastische Vereinfachung wurde gewählt, weil eine Illustration, die auf einem einfachen Plan aufbaut, am leichtesten und wirksamsten zum Verständnis führt.

Mit Absicht ist den Proportionen kein Kapitel gewidmet worden. Die Regeln, die zu diesem Thema in der Vergangenheit aufgestellt wurden, hingen zum großen Teil von damaligen modischen Strömungen ab oder beruhten auf dem persönlichen Geschmack bestimmter Künstler oder Schulen. Da der Sinn für Proportion eine sehr persönliche Sache ist, wird er vom Einzelnen am besten durch das Studium des Formenreichtums der Natur erworben und nicht so sehr durch Unterordnung unter eine willkürliche künstlerische Idealvorstellung. Die männlichen und weiblichen Aktstudien am Ende dieses Buches streben weder ein Ideal an, noch sind sie für den Durchschnitt bezeichnend. Sie illustrieren lediglich die zuvor dargestellten Teile im Zusammenhang mit dem Körperganzen und verdeutlichen die Unterschiede im Körperbau von Mann und Frau.

Ich möchte hier noch allen denjenigen danken, die mir bei der Abfassung dieses Buches behilflich gewesen sind. Besonderer Dank gebührt den Mitgliedern der Aufsichtsbehörde der John Herron Art School sowie ihrem Direktor, Herrn Donald Mattison, die mir durch aktive Hilfe und Ermutigung zur Seite gestanden haben.

Indianapolis, Indiana D. K. R.

Inhalt

Der Körper des Menschen

Der menschliche Körper ist eine ungemein komplizierte lebendige Einheit. Bau, Bewegung und Funktionen sind miteinander verknüpft und voneinander abhängig. Den Künstler brauchen jedoch nur die Teile zu kümmern, die einen Einfluß auf das Äußere des Körpers haben: der Skelettbau, die hauptsächlichen, den Körper aufrecht haltenden und bewegenden Muskeln und die aus Haut und Fettgewebe bestehende Körperhülle. Auch eine nur auf diese Teile beschränkte Betrachtung kann einen Begriff von der Einheit und funktionellen Gestaltung des Körpers, seinem Rhythmus und seinen Proportionen vermitteln und die Schönheit ermessen lassen, die sich im Körper als Ganzem gesehen ausdrückt und jedem seiner Teile eigen ist.
Das Skelett muß in seiner Gesamtheit begriffen werden, denn es bestimmt direkt oder indirekt die ganze Erscheinung des Körpers, während seine Bewegungen von der Form der Gelenke abhängen. Die Muskulatur mag eine vereinfachende Behandlung erfahren; die tiefliegenden und die meisten kleinen Muskeln können weggelassen werden, doch darf dabei das Wesentliche ihrer Anordnung nicht übersehen werden. In der gleichen Weise kann die unendliche Bewegungsvielfalt, deren der Körper fähig ist, auf einige einfache Grundhaltungen für jedes Gelenk zurückgeführt werden.

Während des Wachstumsvorgangs bilden sich *die Knochen* durch Verknöcherung von Bindegewebsmembranen und Knorpeln. Dieser Prozeß dauert ungefähr bis zum 25. Lebensjahr, dann ist das Skelett des Erwachsenen voll ausgebildet. Die Röhrenknochen der Gliedmaßen sind aus einer harten, beschränkt elastischen Schale von dichtem, porösem Gewebe aufgebaut, das den Markraum mit fett- und blutbildendem Gewebe zwischen einem Maschenwerk aus feinen Knochenbälkchen umschließt. Die Oberfläche des Knochens besteht dort aus glattem Knorpel, wo eine Gelenkverbindung zu einem anderen Knochen besteht, und ist rauh an den Stellen, wo Muskeln ansetzen.
Entsprechend ihren unterschiedlichen Funktionen sind die Knochenformen verschieden. Wo sie das größte Körpergewicht zu tragen haben, sind die Knochen am schwersten, so die Bein- und Beckenknochen. Flache oder verbreiterte Oberflächen, wie bei den Knochen des Schädels, des Brustkorbes und des Beckens, deuten auf die Schutzfunktion hin, die diese die drei Hauptkörperhöhlen umgebenden Knochen haben. Den Gliedmaßen verleihen lange Röhrenknochen ihre Festigkeit, sie haben zur Verstärkung der Gelenke an den Enden vergrößerte Gleitflächen. Die Hand- und Fußwurzelknochen sind zahlreich, dicht und kompakt angeordnet, so daß ein die Hand oder den Fuß treffender Stoß sich auf viele Oberflächen verteilt und dadurch abgemildert wird. Einige Knochen, so besonders das Schulterblatt und die Wirbel, haben Fortsätze – Vorsprünge, die als Hebel für die an ihnen ansetzenden Muskeln dienen.

Knorpelgewebe ist ein festes Stützsubstanzgewebe, das sich in vielen Teilen des Körpers findet. Es gibt mehrere Arten von Knorpeln, die sich in ihrem Aufbau unterscheiden und verschiedenen Zwecken dienen. Zum einen bildet sich die Mehrzahl der Knochen aus einer knorpeligen Vorstufe, die im Zuge der Entwicklung verknöchert. Die übrigen Knorpelarten, die hier behandelt werden, verknöchern nicht und behalten ständig ihre mehr oder weniger große Elastizität. Eine Knorpelart findet sich in der Nase, dem Ohr, dem Adamsapfel und in der Verbindung zwischen den vorderen Rippenenden und dem Brustbein. Zwei weitere Arten sind am Aufbau der Gelenke beteiligt. Der Gelenkknorpel überzieht als dünne Schicht die Gelenkflächen der Knochen. Dieser Knorpel ist nur schwach elastisch, erleichtert aber durch seine Glätte die Bewegung der Gelenke. Hingegen besteht der Faserknorpel aus Knorpelzellen untermischt mit Fasern, die ihm eine große Elastizität verleihen. Er findet sich zum Beispiel als Polster zwischen den Wirbelkörpern und dient dazu, Stöße abzufangen und geringe Bewegungen zwischen den Knochenfugen zu ermöglichen.

Das Ligament ist ein festes, aus derbem Bindegewebe bestehendes Band, geschmeidig aber nicht elastisch, das die Knochen in den Gelenken miteinander verbindet. Die *Ligamente* bilden viele dünne Bänder und überziehen als kompliziertes, oftmals verflochtenes Netz alle beweglichen Gelenke. Es ist ihre Aufgabe, die Gelenke zu verstärken und den gegenseitigen Kontakt der sich bewegenden Gelenkflächen aufrecht zu erhalten. Da sie flach und straff sind, haben sie fast nie einen Einfluß auf die äußere Erscheinung. Auf den Bildtafeln sind sie daher weggelassen worden, außer in den zwei Fällen, wo sie von Wichtigkeit sind, nämlich unterhalb der Kniescheibe und am Unterbauch.

Knochenverbindungen gibt es in drei Arten: die unbewegliche Knochenfuge, die nur wenig beweglichen und die frei beweglichen Gelenke. Die Knochenfuge, die sich an den Schädel- und Gesichtsknochen findet, hat unregelmäßige, dicht schließende Fugenkanten, die nur durch eine sehr dünne Lage von Bindegewebe oder Knorpel getrennt sind. Beim wenig beweglichen Gelenk *(Synarthrose)* sind die Gelenkflächen durch ein dazwischenliegendes Polster aus elastischem Faserknorpel ziemlich weit auseinandergerückt. Die Bewegung erfolgt nur durch Zusammendrücken dieses Polsters auf der einen oder anderen Seite, wobei die Gelenkflächen selbst keine Auswirkungen auf den Vorgang haben. Diese Art des Gelenks finden wir zwischen den Wirbeln, wo das Polster einerseits die Bewegung ermöglicht, andererseits dazu dient, Stöße aufzufangen. Beim frei beweglichen Gelenk *(Diarthrose)* sind die dicht zusammengehaltenen Gelenkflächen glatt, und seine Bewegung ist durch die aufeinander abgestimmte Form der Gelenkflächen bestimmt. Der sehr dünne glatte Knorpelüberzug der Gelenkflächen erleichtert die Bewegung bei diesem Gelenktyp. Das ganze Gelenk ist von einer Kapsel oder einem Beutel aus Bindegewebe umgeben, das eine eiweißreiche, fadenziehende Gelenkschmiere absondert. Der Kapsel sind verbindende *Ligamente* aufgelagert, die das Gelenk verstärken und die Gelenkflächen in gegenseitigem Kontakt halten. Zur besseren Führung der Gelenkflächen und zur Stoßdämpfung gibt es auch in einigen der frei beweglichen Gelenke zwischengelagerte Polster aus elastischem Faserknorpel.
Frei bewegliche Gelenke können verschiedene Bewegungen ausführen. Das Kugelgelenk gestattet Bewegungen in jeder Richtung. Beispiele hierfür sind das Hüft- und das Schultergelenk. Das Kugelgelenk erlaubt eine Bewegung innerhalb eines Kugelsektors und die Drehung um seine eigene Achse. Das Scharniergelenk, wie zum Beispiel das Knie- oder Ellbogengelenk, gestattet Bewegungen nur in einer Ebene. So hat der Oberarmknochen eine konvexe, die Speiche eine konkave Gelenkfläche, die so ineinander gefügt sind, daß Bewegungen nur um eine Achse möglich sind. Eine weitere Art ist das Eigelenk, zum Beispiel das Handgelenk, welches eine freie Bewegung in einer Ebene und eine begrenzte Bewegung in der senkrecht dazu liegenden Ebene erlaubt. Es wird durch eine eiförmige Gelenkfläche gebildet, die in eine elliptische Höhlung eingreift. Diese Form ermöglicht die oben genannten zwei Bewegungen und eine begrenzte kreisförmige Bewegung, nicht jedoch die Drehbewegung der *Rotation.* Weniger verbreitet sind Drehgelenke und straffe Gelenke. Das Drehgelenk findet sich zwischen den zwei obersten Wirbeln und zwischen Speiche und Elle. In beiden Fällen greift ein knöcherner Zapfen in einen Ring aus Knochen und Bändern ein, so daß nur eine Drehbewegung möglich ist. Das straffe Gelenk finden wir bei den Hand- und Fußwurzelknochen. Die Gelenkflächen sind hier nur schwach konkav oder konvex ausgebildet, und die Bewegung ist stark eingeschränkt.
Die oben erwähnten Bewegungsarten lassen sich noch näher definieren, wenn man die Bewegungen eines Körperteils im Verhältnis zu anderen Körperteilen beschreibt. Bei der Beugung, zum Beispiel im Ellbogengelenk, wird die Hand gegen die Schulter hin bewegt. Die Streckung ist der Beugung entgegengesetzt, so, wenn der Unterarm in eine Lage gebracht wird, bei der er als Verlängerung der Oberarmlinie erscheint. Beim Heranführen wird ein Glied zur Mittellinie des Körpers herangezo-

gen. Dagegen ist das Wegziehen eine Bewegung des Gliedes von der Mittellinie des Körpers hinweg, so, wenn man einen Arm oder ein Bein seitwärts hochhebt. Als *laterale* Bewegung wird eine seitliche Bewegung des Kopfes oder Brustkorbes bezeichnet, wobei diese Körperteile von der Mittelebene hinweggeneigt werden, die man sich durch die vordere und hintere Mittellinie des Körpers hindurchgelegt denkt. Das Drehen des Kopfes oder Brustkorbes ist jedoch eine rotierende Bewegung. *Supination* nennt man die Bewegung des Unterarms, wenn am seitlich hängenden Arm die Handfläche vorwärts gedreht wird. *Pronation* nennt man jene Bewegung des Unterarms, wenn am seitlich hängenden Arm die Handfläche rückwärts gedreht wird. *Inversion* ist die Bewegung im Knöchelgelenk, die die Fußsohle zur Mittellinie des Körpers hindreht, *Eversion* die entgegengesetzte Bewegung, die die Fußsohle seitwärts und nach außen, von der Mittellinie des Körpers hinweg, dreht.

Es sind in erster Linie die *Skelettmuskeln,* die die Körperteile bewegen oder festhalten. Sie sind am Knochen mit Hilfe von Sehnen befestigt und ziehen über ein Gelenk oder mehrere Gelenke hinweg. Ihre Funktion besteht in der Kontraktion, sie ziehen sich also nur zusammen. Die Oberflächenform fast der gesamten menschlichen Gestalt wird durch Muskeln geprägt. In der Bewegung ändert sich die Oberflächenform durch die Verkürzung und Verdickung der aktiven, gespannten Muskeln und durch die Streckung, Drehung und das Zusammengedrücktwerden der geschmeidigen, inaktiv bleibenden Muskeln. Das Muskelgewebe besteht aus kurzen Fasern, die meistens parallel zueinander verlaufen, am Muskelende aber zusammenlaufen und in eine Sehne einmünden.
Wir unterscheiden fünf typische Muskelformen: viereckige Muskeln, deren Fasern vom Anfang bis zum Ende geradlinig verlaufen, spindelförmige, die sich nach den Enden zu verjüngen, und dreieckige Muskeln mit zusammenlaufenden Fasern. Ferner die sogenannten gefiederten und doppeltgefiederten Muskeln, die eine mittlere oder seitliche Sehne haben, zu der die Muskelfasern sich schräg von einer Seite oder zwei Seiten hinziehen wie die Strahlen einer Vogelfeder zum Schaft. Schließlich gibt es noch die Ringmuskeln mit kreisförmig angeordneten Fasern, wie zum Beispiel die Muskeln rund um den Mund. Die meisten Muskeln setzen mit beiden Enden an Knochen oder Knorpeln mit Hilfe von Sehnen an, die als flache Bänder oder runde Stränge aus starkem, nicht elastischem Fasergewebe bestehen. Manche der flachen Muskeln enden in flächenhaften Sehnenblättern, den sogenannten *Aponeurosen,* die nicht nur als Verbindungsstücke, sondern auch als Scheiden für die Muskeln dienen, die sie überziehen. Einige Muskeln, hauptsächlich im Gesicht, entspringen oder enden in Ligamenten (Bändern) beziehungsweise in der Haut oder sie bilden Verbindungen mit anderen Muskeln durch gegenseitig übergreifende Fasern.
Die Muskeltätigkeit erfolgt durch Zusammenziehen der Muskelfasern, wobei die Zugrichtung mit der Faserrichtung zusammenfällt. Gewöhnlich setzt die Sehne diese Richtung fort und verbindet den Muskel mit dem Knochen in einer direkten Linie. In diesem Fall wirkt die am Knochen angreifende Kraft in Richtung des Muskelzuges. Ein gutes Beispiel dafür ist der *teres major,* der große Rundmuskel, der am Schulterblatt entspringt und am Oberarmbein unterhalb des Schultergelenks ansetzt. Das Oberarmbein wirkt als Hebel, und das Schultergelenk ist Drehpunkt. Wird die Sehne jedoch umgelenkt, wie die Sehnen bei gebeugten Fingern, dann wird die an den Fingern angreifende Kraft umgelenkt wie bei einem Seil, das um eine Rolle läuft. Bei Muskeln, deren Fasern verschiedene Verlaufsrichtungen und ausgedehntere Befestigungen aufweisen – wie der Kappen- oder Trapezmuskel –, ergibt sich die Bewegung als Resultante der in verschiedenen Richtungen wirkenden Kräften. Bestimmte Muskelgruppen können bei ihrer Tätigkeit so zusammenwirken, daß daraus eine neue Bewegungsrichtung resultiert; sie können sich aber auch in ihrer Wirkung gegenseitig aufheben, so daß das entsprechende Gelenk in einer bestimmten Stellung fixiert wird. Auch daß ein einziger Muskel nur zum Teil aktiviert wird, kommt vor, wobei der übrige Teil dieses Muskels passiv bleibt.
Man kann die Einzelmuskeln nur ganz allgemein als mechanische Einheiten ansehen, denn für jede Bewegung wirken viele Muskeln in Gruppen zusammen. Ein Muskel oder mehrere bilden dabei die ursprünglich bewegende Kraft, andere Muskeln halten unterdessen Gelenke ruhig, die zu dieser Bewegung nicht gebraucht werden (so, wenn der aktive Muskel über mehr als nur ein Gelenk hinzieht), wieder andere stellen derweil das Gleichgewicht des Körpers her und erhalten es aufrecht. Außerdem wirkt auch ein und derselbe Muskel mal auf den einen, mal auf den anderen Knochen ein, je nachdem, welcher Knochen fixiert ist. Ist der Oberarm fixiert, so hebt der Bizeps den Unterarm an. Ist der Unterarm fixiert, wie beim Klettern, so bewegt der Bizeps den Oberarm und zieht

den Körper nach. Der Künstler muß nur die einfachen Bewegungen eines jeden Gelenks sowie die die Bewegungen hauptsächlich veranlassenden Muskeln kennen.

Direkt unterhalb der Haut befinden sich zwei Lagen von *Bindegewebshüllen,* eine tiefliegende und eine an der Oberfläche. Die tiefliegende *Faszie* ist eine feste, dünne, sehnenartig unelastische Membran, die nicht nur den ganzen Körper einhüllt, sondern auch einzelne Muskeln oder Muskelgruppen umkleidet und zusammenhält. Sie ist an manchen Stellen dicker, besonders an den Gelenken, wo sie eine deutlich verengende Wirkung hat und dadurch die Sehnen während der Bewegung fest an ihrem Platze hält. Überdeckt wird die tieferliegende von der ihr anhaftenden Oberflächen*faszie,* die ihr ähnlich, aber locker, weniger dicht und weniger sehnig ist. Sie enthält einige Unterhautmuskeln und Fettgewebe und kann daher von sehr unterschiedlicher Dicke sein. Gewöhnlich ist sie dünn im Bereich des Gesichtes und Halses und sehr dick und faserreich in der Kopfschwarte, Handfläche und Fußsohle.

Das in die oberflächliche Bindegewebshülle eingelagerte *Fettgewebe* hat einen unmittelbar prägenden Einfluß auf die Erscheinung des menschlichen Körpers. Es verhüllt die kleineren Muskeln, vereinheitlicht und glättet die Konturen und bildet eigene Formen dort, wo es sich an bestimmten Stellen ansammelt. So finden sich Fettpolster in Gelenksnähe an den Gliedmaßen von Kleinkindern, wenn auch am eigentlichen Gelenk eine tiefe Falte eingeschnitten ist. Wegen ihres zarteren Knochenbaues und der weniger entwickelten Muskulatur wird die Gestalt der erwachsenen Frau stärker vom Fettgewebe geprägt als die des Mannes. Am meisten fällt die mehr oder weniger ausgesprochene Ansammlung von Fettgewebe längs der unteren äußeren Begrenzung jeder Gesäßhälfte auf. Dadurch liegt die größte Hüftweite bei der Frau unterhalb des Kopfes des Oberschenkelknochens und die scheinbare Länge des Rumpfes wird vergrößert. Weniger deutlich, aber dennoch als vom Muskel oder Knochen unabhängige Form, tritt Fettgewebe gehäuft an der Hinterseite des Oberarmes, im Nakken, in der Kniekehle, unterhalb der Kniescheibe und auch in geringerem Maße unterhalb der Innenseite des Knies am Schienbein auf. An anderen Stellen akzentuiert es die darunter liegende Form und bringt die charakteristisch weiblichen Merkmale mehr zur Geltung, so besonders an der Brust, am Darmbeinkamm durch Verbreiterung der Hüften und am Bauch und Gesäß durch Betonung der Schrägstellung des Beckens.

Der Kopf und der Hals

Die künstlerische Betrachtung verlangt eine gemeinsame Behandlung von Kopf und Hals. Sowieso ist diese Einteilung einigermaßen willkürlich, denn die Halsknochen gehören gleichzeitig zum Rumpf. Ebenso sind einige Halsmuskeln in Wirklichkeit Verlängerungen von Rumpfmuskeln. Die willkürliche Einteilung bereitet auch bei anderen Körperteilen Schwierigkeiten, denn logisch läßt sich kein Teil ganz gesondert von den benachbarten betrachten.

Die Knochen des Schädels

Die Knochen des Kopfes oder Schädels sind in ihren Formen sehr kompliziert und mit Ausnahme des Unterkiefers fest durch unbewegliche Nähte, Wachstumsfugen, untereinander verbunden. Die Fugenkanten sind unregelmäßig und ineinander verzahnt. Man unterscheidet zwei Gruppen von Schädelknochen: die das Gehirn umschließenden und schützenden Gehirnschädelknochen und die Gesichtsknochen. Die hauptsächlichen Knochen des Gehirnschädels, sechs an der Zahl, sind: das Hinterhauptbein, das Stirnbein, zwei Scheitelbeine und zwei Schläfenbeine.

Das Hinterhauptbein bildet den Boden und den hinteren Teil des Gehirnschädels. Seine Unterseite ist rauh und uneben und bietet so den Halsmuskeln Ansatzpunkte. In der Mitte der Unterseite befindet sich ein großes rundes Loch. Durch seine Öffnung ist die hintere Schädelgrube mit dem Rückenmarkskanal verbunden. Zu beiden Seiten dieser Öffnung liegen zwei runde Gelenkhöcker, die mit den oberen Gelenkflächen des Atlas – des obersten Halswirbels – ein Gelenk bilden.

Das Stirnbein nimmt die Vorderseite des Gehirnschädels ein und bildet die Stirn mit ihren zwei vorspringenden Bögen, die die Augen schützend überwölben. Die beiden Scheitelbeine ergeben den Scheitel und die oberen Seitenwände des Schädels, während die unteren Seitenwände durch die beiden Schläfenbeine gebildet werden. Vom Schläfenbein geht der Warzenfortsatz aus, der hinter dem Ohr nach unten vorspringt. Die hauptsächlichen Gesichtsknochen sind die beiden Jochbeine, die beiden Oberkieferknochen und der Unterkiefer. Das Jochbein tritt als vorspringender Wangenknochen unterhalb der äußeren Augenecke hervor und gibt auch den Vorderteil des Jochbogens ab, unter dem der Schläfenmuskel verläuft. Der Oberkiefer wird von den beiden Oberkieferknochen gebildet. Der Unterkiefer ist am Schädel unterhalb des Jochbogens unmittelbar vor den Ohren mit Hilfe von Scharniergelenken befestigt.

Die Knochen des Halses

Die sieben Halswirbel, welche den obersten Abschnitt der Wirbelsäule ausmachen, bilden das Gerüst des Halses. Einer auf dem anderen aufsitzend, ergeben sie eine Säule, die die Brustwirbelsäule mit der Schädelbasis verbindet und mit dem Schädel knapp hinter seinem Schwerpunkt gelenkig verbunden ist. Diese Säule trägt den Schädel und ermöglicht die freie Bewegung des Kopfes. Die sechs unteren Halswirbel sind den übrigen Wirbeln der Wirbelsäule sehr ähnlich. Sie haben einen

kurzen, zylindrischen Hauptteil – den Wirbelkörper –, an den hinten ein knöcherner Bogen anschließt, welcher das Rückenmark umfängt. Vom Wirbelbogen gehen drei Fortsätze aus, zwei Querfortsätze und ein Dornfortsatz, der nach hinten zeigt. Der Dornfortsatz des untersten Halswirbels ist länger als die anderen und zeichnet sich daher äußerlich ab.
Der oberste Halswirbel, der *Atlas,* hat keinen Wirbelkörper, sondern bildet eine Art Dreieck mit abgerundeten Ecken. Seine obere Gelenkfläche zeigt zwei Vertiefungen, die mit den runden Gelenkhöckern an der Unterseite des Hinterhauptbeines ein Gelenk bilden. Der Schädel läßt sich in diesem Gelenk durch eine nickende Schaukelbewegung vorwärts und rückwärts kippen.
Die Drehung des Schädels – das Wenden des Kopfes von einer Seite zur anderen – wird durch den *Atlas* ausgeführt, der sich zusammen mit dem Schädel auf dem darunterliegenden zweiten Halswirbel dreht. Die Bewegungen des eigentlichen Halses, die Beugung nach vorn, hinten und zu den Seiten, sind das Ergebnis leichter Bewegungen zwischen den sechs unteren Halswirbeln. Diese Bewegungen werden durch dicke Polster elastischen Knorpels zwischen den Wirbelkörpern ermöglicht.
Das Zungenbein ist in den vorderen Halsmuskeln aufgehängt und bietet Ansatzpunkte für Muskeln, die den Unterkiefer senken und Zungen- und Kehlbewegungen hervorbringen. Der Schildknorpel, allgemein als Adamsapfel bekannt, ist der an der Oberfläche sich abzeichnende Teil des Kehlkopfes.

Die Muskeln des Kopfes

Die größten Kopfmuskeln wirken auf den Unterkiefer ein, den einzigen beweglichen Schädelknochen. Beim Kauen wird der Unterkiefer durch die Schläfenmuskeln und Kaumuskeln des Kopfes aufwärts gezogen und durch Halsmuskeln, die später beschrieben werden sollen, gesenkt. Der Schläfenmuskel entspringt breit an der Seite des Schädels, wobei seine Fasern an der Innenseite des Jochbeinbogens verlaufen, und endet am knöchernen Vorsprung des Unterkiefers, der sich vor dem Gelenk befindet. Der Kaumuskel entspringt am unteren Rand des Jochbogens und setzt im Kieferwinkel am Unterkiefer an. Beide Muskeln haben eine beträchtliche Hebelwirkung und üben daher große Kraft beim Schließen des Mundes aus.
Eine Beschreibung der übrigen Gesichtsmuskeln würde für den Künstler eine zu große Belastung bedeuten, da sie so zahlreich und miteinander verflochten sind und bei der Gesichtsmimik so außerordentlich vielfältige Funktionen haben. Die wichtigen Muskeln sind auf den Bildtafeln eingezeichnet und benannt. Es ist aber beachtenswert, daß einige dieser Muskeln überhaupt nicht an Knochen ansetzen, sondern in der Haut oder der oberflächlichen *Faszie* befestigt sind. Andere gehen zwar vom Knochen aus, enden jedoch in der Haut, in einer *Faszie,* am Knorpel oder in den Fasern anderer Muskeln.

Die Muskeln des Halses

Die auf den Bildtafeln dargestellten Halsmuskeln lassen sich in zwei Gruppen einteilen, in Muskeln, die am Zungenbein und solche, die am Schädel oder an den Halswirbeln ansetzen.
Die erste Gruppe umfaßt je drei Muskeln auf beiden Seiten des Halses: den *digastricus, omohyoideus* und *sternohyoideus.* Der doppelbauchige Unterkiefermuskel *musculus digastricus* entspringt an der Innenseite des Warzenfortsatzes und zieht sich abwärts und vorwärts zum Zungenbein hin, an das er mit einer Sehne ansetzt. Von dort zieht er aufwärts und vorwärts bis zur Innenseite des Unterkiefers am Kinn. Der *musculus sternohyoideus* verläuft von der Innenseite des Schlüssel- und des Brustbeins zur Unterseite des Zungenbeins. Der *omohyoideus* zieht vom Oberrand des Schulterblattes unter dem *musculus sternocleidomastoideus* hindurch und dann schräg aufwärts zum äußeren Rand des Zungenbeins. Die Hauptfunktion dieser drei Muskeln besteht im Heben oder Senken des Zungenbeins, das die Zungenwurzel bewegt und so das Schlucken ermöglicht. Eine weitere Funktion besteht im Herabziehen des Unterkiefers.
Die zweite Gruppe der Halsmuskeln (die auch auf den Bildtafeln des Rumpfes erscheinen) greifen am Schädel und den Halswirbeln an. Die tieferen Muskeln dieser Gruppe sind der *splenius capitis,* der *levator scapulae* und der *scalenus medius,* die oberflächlicheren sind der *trapezius* und der *sternocleidomastoideus.* Der *splenius capitis,* der Riemenmuskel des Kopfes, geht von den Dornfortsätzen des untersten Halswirbels und mehrerer Brustwirbel aus. Seine Fasern verlaufen schräg aufwärts und setzen am Hinterhauptbein an. Seine Hauptfunktion besteht darin, den Schädel rückwärts zu beugen und bei der seitlichen Drehung behilflich zu sein. Der *levator scapulae,* der Schulterblattheber, zieht von den Querfortsätzen der

vier obersten Halswirbel zum oberen, halswärts gelegenen Winkel des Schulterblattes. Er hilft auch bei der seitlichen Beugung des Halses. Der *scalenus medius* – der mittlere Rippenhalter – entspringt an den Querfortsätzen der sechs untersten Halswirbel und setzt an der oberen Fläche der ersten Rippe an. Da der Muskelansatz an der Rippe ziemlich weit von der Achse der Wirbelsäule entfernt liegt, übt dieser Muskel einen starken Zug aus. Er ist für die Seitwärtsbeugung des Halses der wichtigste Muskel. Diese drei Muskeln treten äußerlich gar nicht in Erscheinung, nur wenn der Kopf sehr weit zur Seite gedreht wird, zeichnen sie sich ab.

Es gibt noch einen tief gelegenen Halsmuskel, den *longus capitis,* den langen Kopfmuskel, dessen Hauptfunktion im Neigen des Kopfes nach vorne liegt. Dieser Muskel liegt so tief innen, daß er nie in Erscheinung tritt. Aus diesem Grunde ist er nur auf der Bildtafel zu finden, die die Bewegungen des Halses veranschaulicht (siehe Seite 20).

Die zwei oberflächlichen, hervortretenden Halsmuskeln, die es noch zu beschreiben gilt, zeichnen sich gut an der Oberfläche des zylinderförmigen Halses ab. Der Trapez- oder Kappenmuskel ist in erster Linie ein Rumpfmuskel; deshalb wird hier nur auf seinen oberen Teil eingegangen. Seine oberen Fasern entspringen an der hinteren Schädelbasis und verlaufen von da aus senkrecht, bis sie an der Basis des Halses eine scharfe Wendung machen und am äußeren Schlüsselbein sowie an der Schulterblattgräte ansetzen. Die beiden Trapezmuskeln rechts und links der Wirbelsäule formen das Oberflächenrelief des Nackens mit. In der Jugend und im Alter kann man sie deutlich als zwei einzelne Muskeln unterscheiden. Wenn sie zusammenarbeiten, ziehen sie den Schädel rückwärts hinab, einzeln helfen sie mit, den Kopf zur Seite zu neigen. In Zusammenarbeit mit dem *musculus sternocleidomastoideus* derselben Seite drehen sie den Kopf. Der *sternocleidomastoideus* ist der am stärksten ausgeprägte Halsmuskel. Er entspringt mit zwei Köpfen, und zwar vom Brustbein mit einem deutlich sichtbaren Strang in der Gegend der Halsgrube und vom Schlüsselbein. Die beiden Muskelköpfe vereinigen sich zu einem großen, gerundeten Muskel, der schräg aufwärts zum Warzenfortsatz zieht. Wird der Kopf zur Seite gedreht, so tritt der Muskel ganz deutlich in seiner Gesamtlänge hervor. Arbeitet nur der eine *sternocleidomastoideus,* so wendet er den Kopf unter gleichzeitiger Mitarbeit des Trapezmuskels der gleichen Seite.

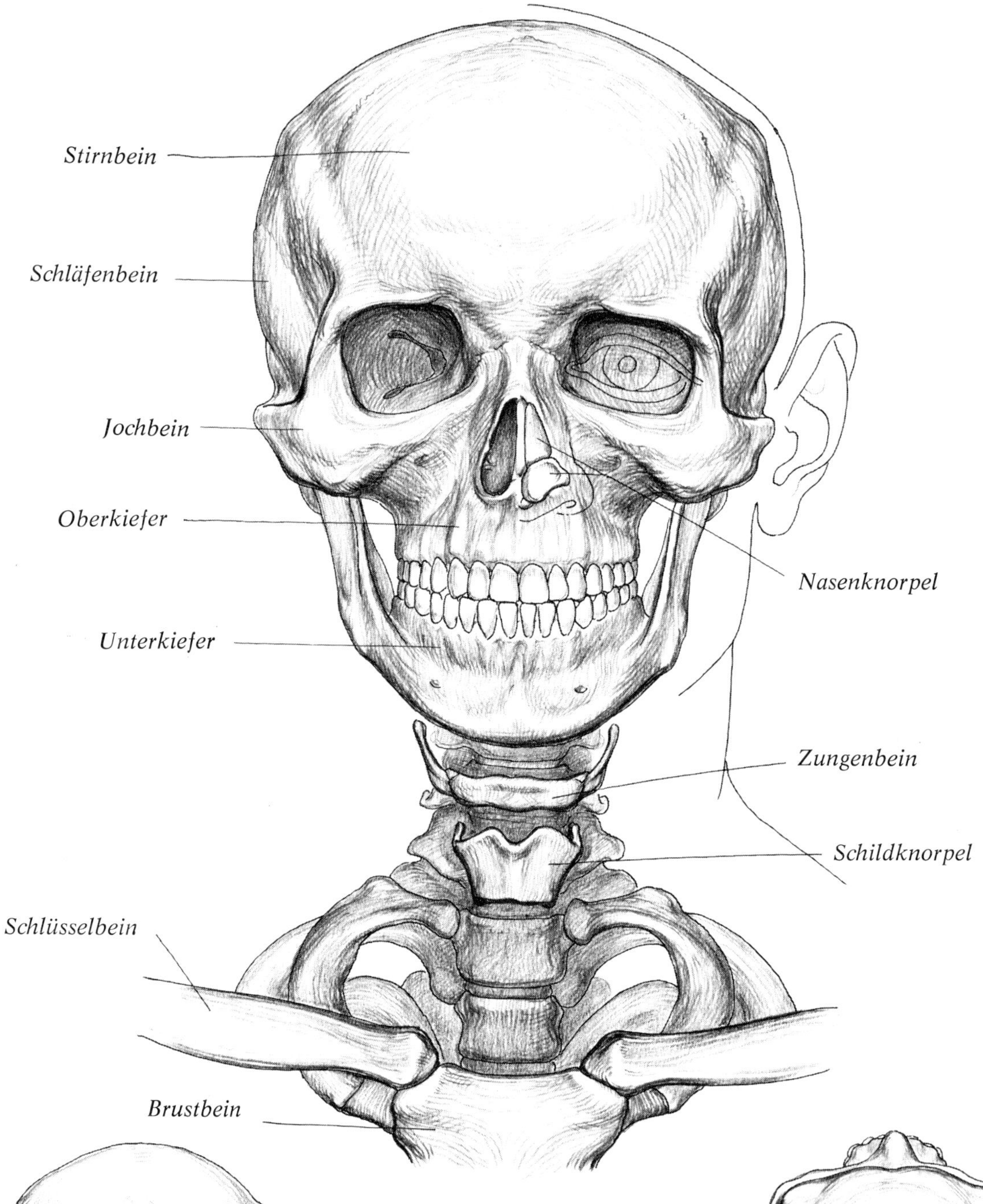
Stirnbein
Schläfenbein
Jochbein
Oberkiefer
Unterkiefer
Nasenknorpel
Zungenbein
Schildknorpel
Schlüsselbein
Brustbein

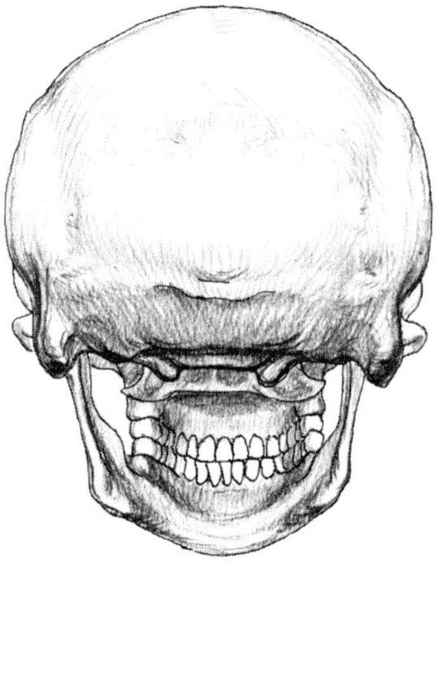

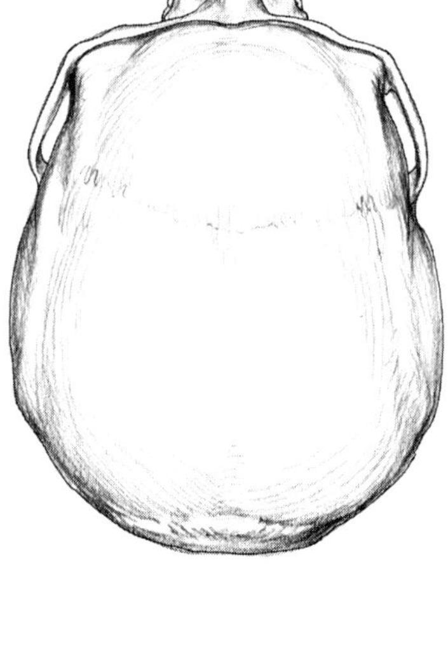

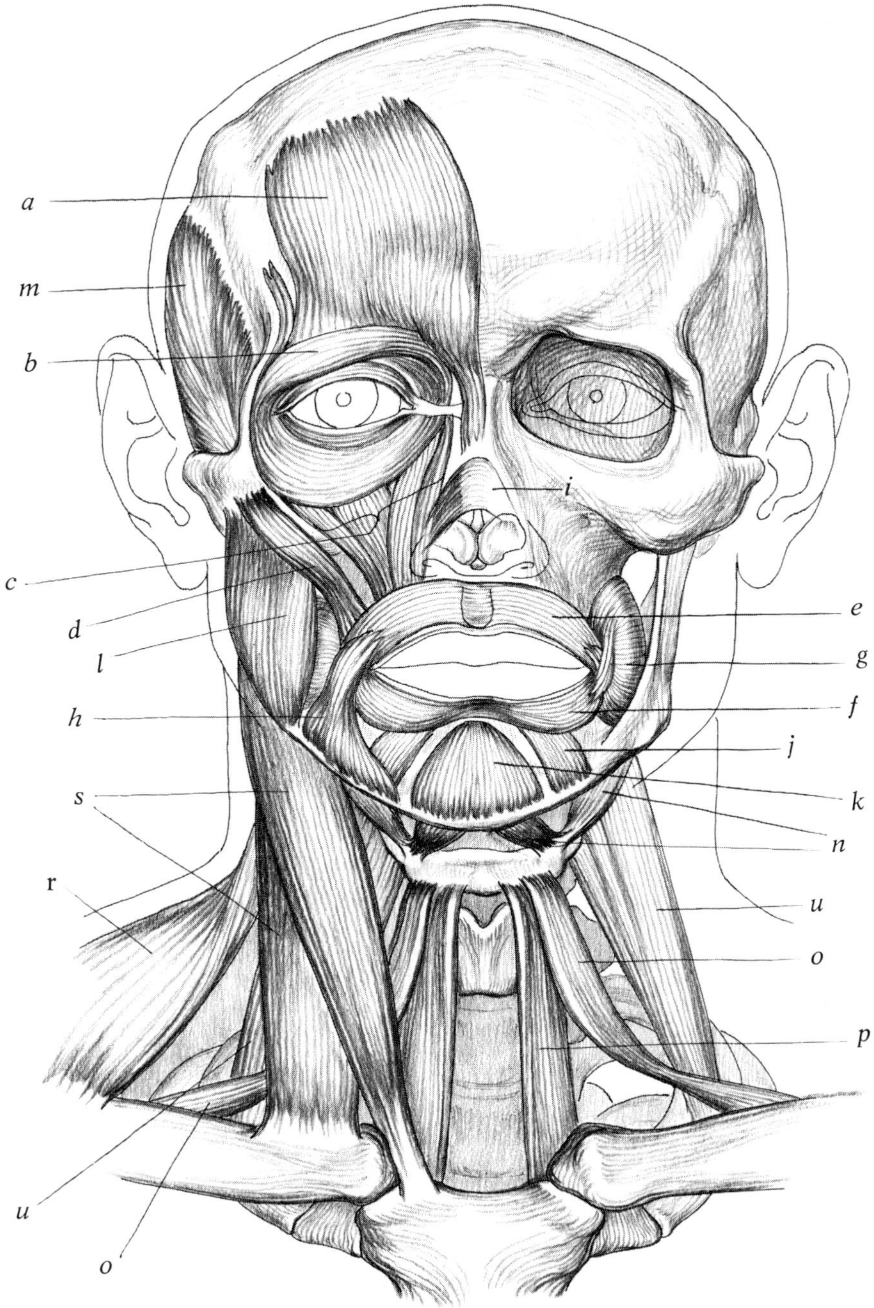

a *frontalis*
b *orbicularis oculi*
c *quadratus labii superioris*
d *zygomaticus*
e *orbicularis oris*
f *orbicularis oris*
g *buccinator – dessen Fasern sich mit denen des orbicularis oris vereinigen*
h *triangularis – dessen Fasern sich mit dem oberen Teil des orbicularis oris vereinigen*
i *nasalis*
j *quadratus labii inferioris*
k *mentalis*
l *masseter*
m *temporalis*
n *digastricus*
o *omohyoideus*
p *sternohyoideus*
r *trapezius*
s *sternocleidomastoideus*
u *scalenus medius*

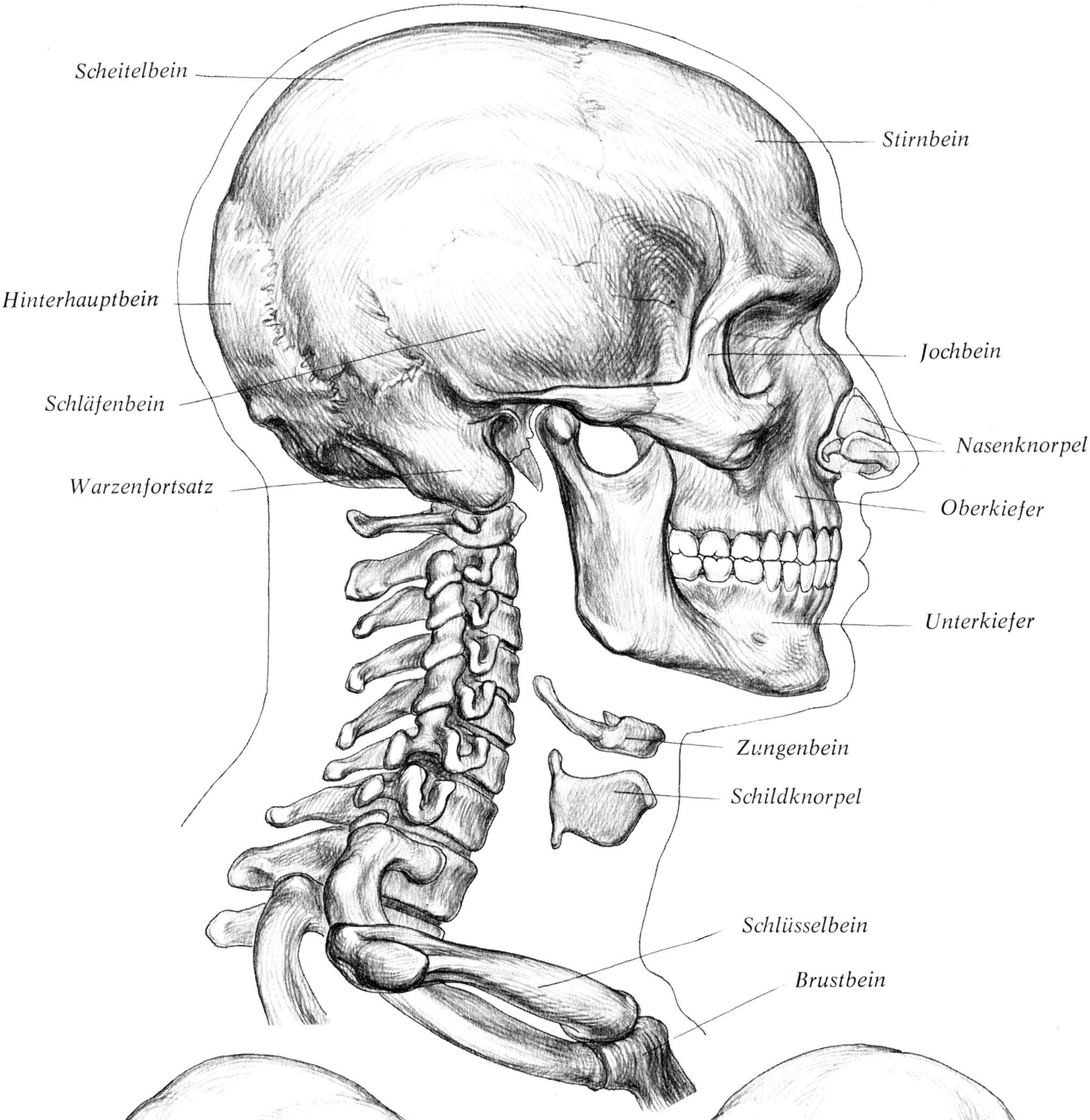
Scheitelbein
Stirnbein
Hinterhauptbein
Jochbein
Schläfenbein
Nasenknorpel
Warzenfortsatz
Oberkiefer
Unterkiefer
Zungenbein
Schildknorpel
Schlüsselbein
Brustbein

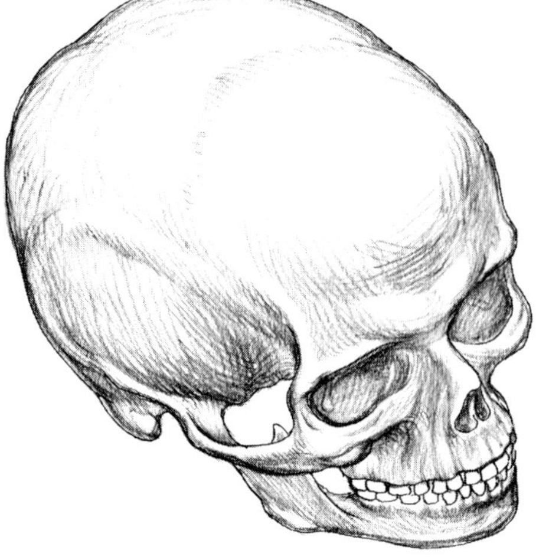

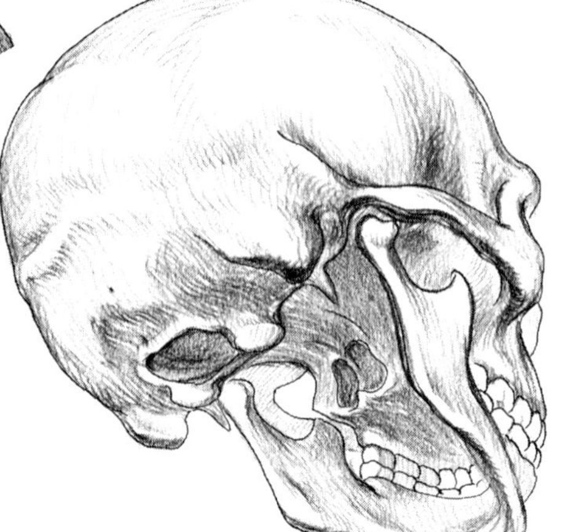

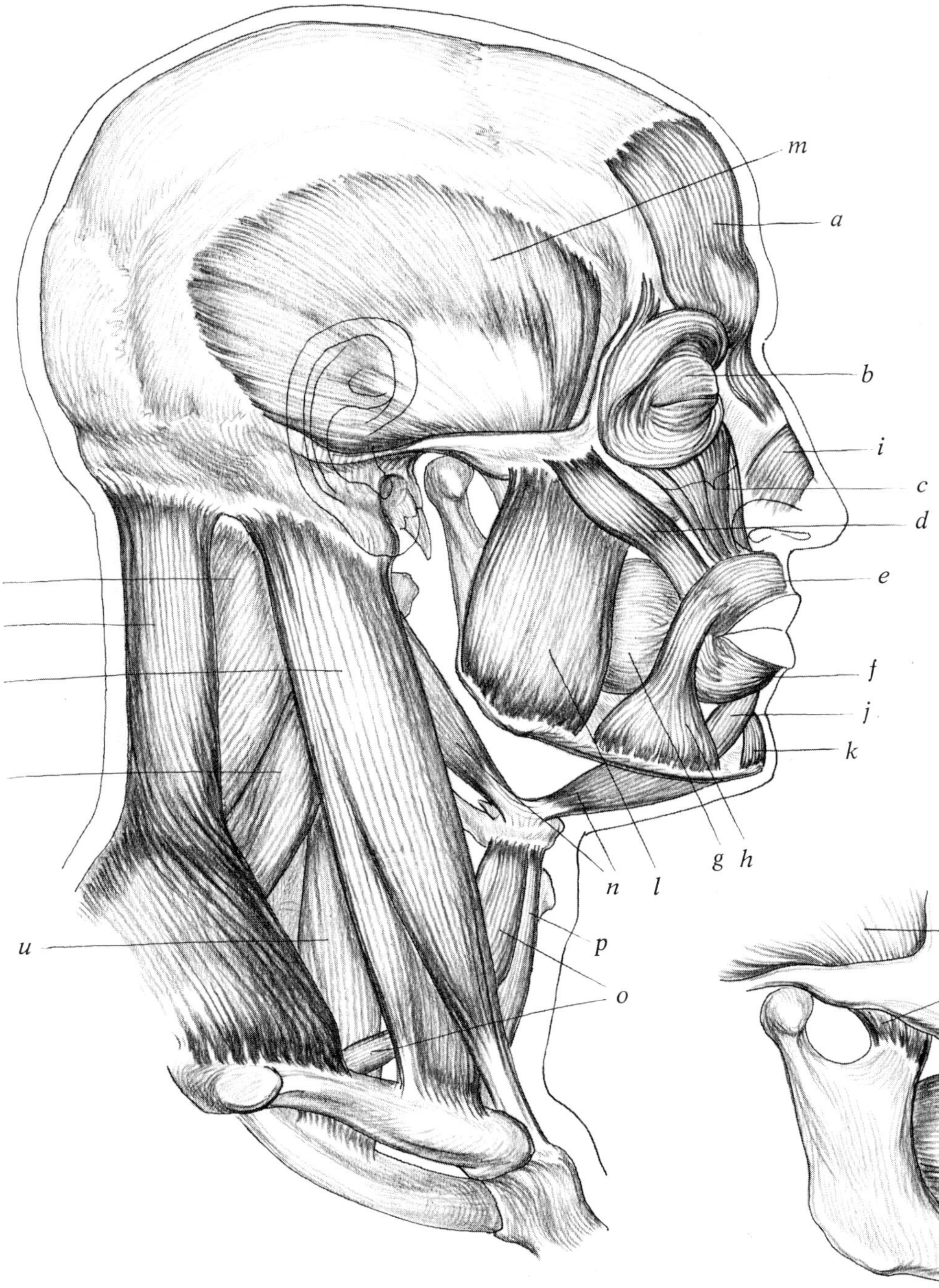

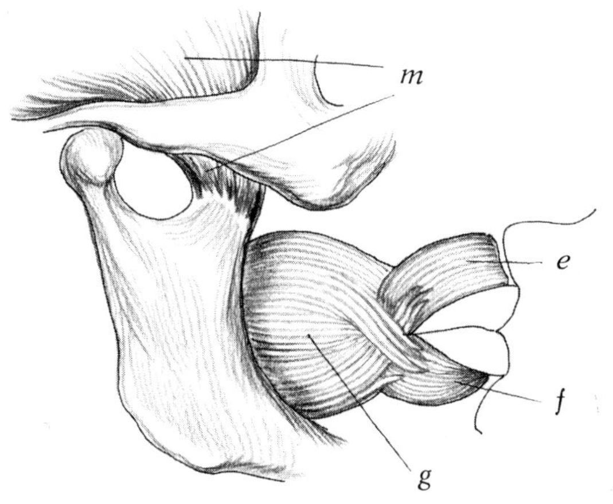

a *frontalis*
b *orbicularis oculi*
c *quadratus labii superioris*
d *zygomaticus*
e *orbicularis oris*
f *orbicularis oris*
g *buccinator – dessen Fasern sich mit denen des orbicularis oris vereinigen*
h *triangularis – dessen Fasern sich mit dem oberen Teil des orbicularis oris vereinigen*
i *nasalis*
j *quadratus labii inferioris*
k *mentalis*
l *masseter*
m *temporalis*
n *digastricus*
o *omohyoideus*
p *sternohyoideus*
q *splenius capitis*
r *trapezius*
s *sternocleidomastoideus*
t *levator scapulae*
u *scalenus medius*

Die Bewegungen des Halses

Der Hals läßt sich in jeder Richtung bewegen: Beugung und Streckung – also die Vorwärts- und Rückwärtsbewegung des Kopfes – sind ebenso möglich wie die seitliche Bewegung des Halses, welche die Neigung des Kopfes zur Schulter zur Folge hat. Halsbewegungen ermöglichen das Drehen des Kopfes ebenso wie das Kreisen des Kopfes, das aus einer Kombination aller Bewegungen besteht, hier jedoch nicht abgebildet ist (vergleiche Beschreibung der Halsknochen).

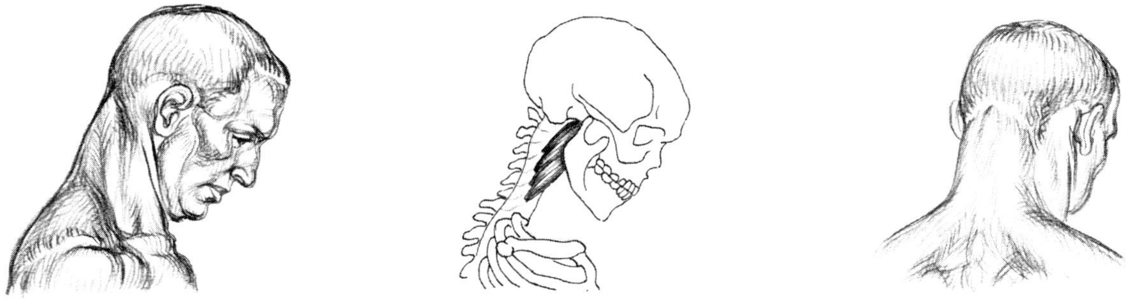

Beugung: musculus longus capitis, ein tiefliegender Muskel, der auf keiner anderen Tafel erscheint

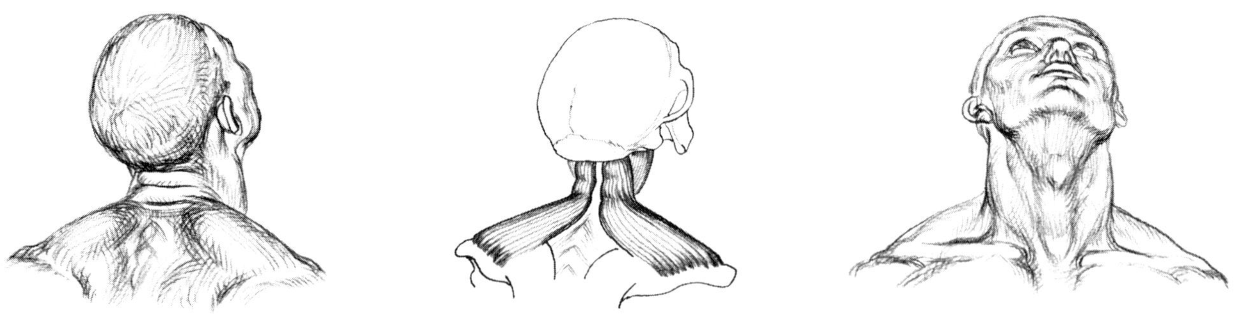

Streckung: musculus splenius capitis und trapezius

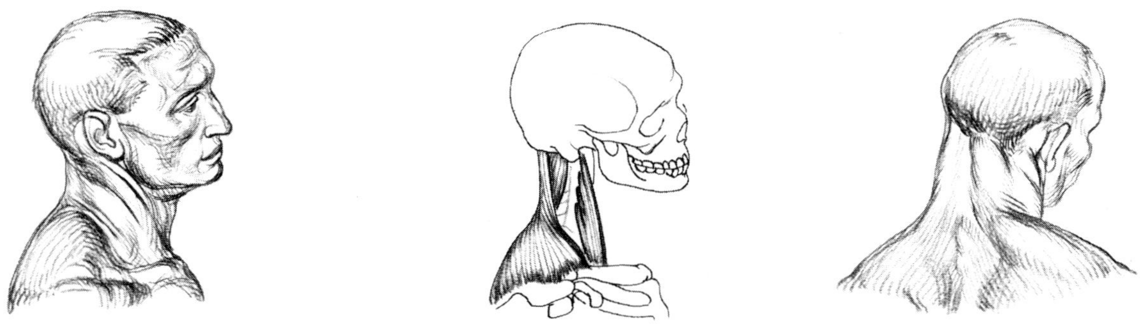

Neigung nach der Seite: scalenus medius, musculus splenius capitis und trapezius

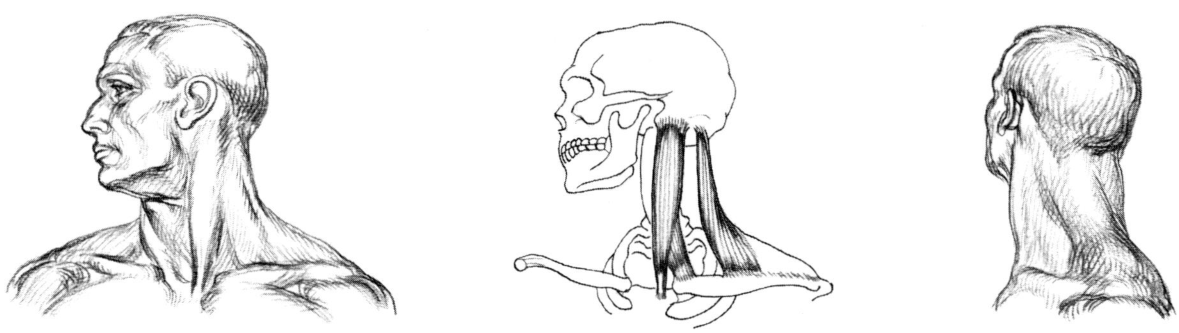

Drehung: musculus sternocleidomastoideus und die vorderen Fasern des trapezius – bei dieser Bewegung besteht gleichzeitig eine kleine Neigung des Kopfes rückwärts

Der Rumpf

Die aufrechte Haltung des Rumpfes unterscheidet den Menschen sehr deutlich von den vierfüßigen Tieren. Die Veränderungen im Körperbau, die sich in der Menschheitsentwicklung vollzogen haben, lassen sich zum Teil an der menschlichen Gestalt ablesen. Kopf und Brust hängen nicht mehr abwärts an der horizontalen Wirbelsäule, sondern werden von ihr unterstützt. Die Schultern, die nicht mehr helfen, das Körpergewicht zu tragen, stehen weit auseinander und erhöhen so die Benutzbarkeit der Arme. Die Brusthöhle ist eher breit als tief, das Becken ist ausladender geworden und hat an Dickenwachstum zugenommen. Die besondere Haltung des Menschen, sein aufrechter Gang, ist also durch das Rumpfskelett bestimmt.

Die Knochen des Rumpfes

Man kann die Knochen des Rumpfes bequem in vier Gruppen einteilen: die Wirbelsäule, den Brustkorb, den Schulter- und den Beckengürtel. Die Wirbelsäule ist die Mittelachse, um die sich die übrigen Teile des Skeletts gruppieren. Der Schädel, der Brustkorb und das Becken sind unmittelbar mit ihr verbunden, der Schultergürtel, die Arme und Beine jedoch nur mittelbar.

Die Wirbelsäule besteht aus 33 kleinen Knochen, den Wirbeln, von denen die neun untersten beim Erwachsenen zu zwei Knochen verschmolzen sind. Die letzten vier, am untersten Ende der Wirbelsäule, bilden das Steißbein *(os coccygis);* die darüber liegenden fünf zusammengewachsenen Wirbel bilden das Kreuzbein *(os sacrum)* einen breiten, von vorne gesehen v-förmigen Knochen, mit dem die zwei Hüftbeine des Beckengürtels starr verbunden sind. Das Kreuzbein gibt eine starke, stützende Basis für die übrigen 24 Wirbel ab, von denen jeder beweglich und von den anderen gesondert ist. Alle beweglichen Wirbel, mit Ausnahme des obersten, des *Atlas,* haben einen ähnlichen Bau, wenn sie auch in Größe und Form kleine Abweichungen zeigen. Der Hauptteil oder Wirbelkörper ist von zylindrischer Form. Zusammen mit dem von ihm ausgehenden, nach hinten vorspringenden Wirbelbogen umschließt er ein mehr oder weniger rundes Loch. Am Wirbelbogen sitzen mehrere kleine Vorsprünge, die mit den folgenden Wirbelbögen kleine Gelenke bilden, außerdem drei lange Fortsätze, an denen Muskeln ansetzen. Diese Fortsätze wirken als Hebelarme. Zwei davon sind Querfortsätze, erstrecken sich also seitwärts, während der Dornfortsatz von der Wirbelbogenmitte rückwärts vorspringt.

Die Wirbelkörper sitzen aufeinander, sind jedoch durch Zwischenwirbelscheiben aus elastischem Faserknorpel voneinander getrennt, die als Polster wirken und Bewegungen der Knochen gegeneinander ermöglichen. Die übereinander angeordneten Wirbelbögen bilden zusammen mit den Wirbelkörpern den Wirbelkanal, der das Rückenmark umschließt. Der *Atlas* unterscheidet sich von den anderen Wirbeln dadurch, daß er keinen Wirbelkörper hat. Sein Hauptteil ist wie ein Dreieck mit abgerundeten Ecken geformt und ist über zwei konkave Flächen mit dem Schädel gelenkig verbunden. Man unterscheidet drei Gruppen von freien Wirbeln: Die untersten fünf, die dem Kreuzbein unmittelbar aufsitzen, heißen Lendenwirbel, daran schließen sich die zwölf Brustwirbel an; an ihnen

setzen die Rippen an. Die obersten sieben Wirbel werden als Halswirbel bezeichnet.
Von der Seite gesehen, weist die Wirbelsäule mehrere Krümmungen auf, die die Kontur des Rückens bestimmen und ein logisches Konstruktionsprinzip erkennen lassen. Das Steißbein und das Kreuzbein beschreiben einen nach vorne offenen Viertelkreis, der für die Organe im kleinen Becken Raum schafft. Die Lendenwirbel beschreiben einen Bogen nach vorn und geraten so unter den Schwerpunkt des Brustkorbes, den sie stützen. Die Brustwirbelsäule wiederum ist nach rückwärts gekrümmt und bildet so zusammen mit den Rippen den knöchernen Brustkorb. Die von den Halswirbeln beschriebene Biegung verläuft wieder vorwärts, so daß der Schädel kurz hinter seinem Schwerpunkt unterstützt wird. Diese vier Kurven verleihen der Wirbelsäule federnde Elastizität bei hoher Festigkeit. Stöße beim Gehen und Springen werden so aufs beste aufgefangen.
Obgleich eine gewisse Bewegung zwischen den einzelnen Wirbeln möglich ist, ist die Beweglichkeit doch in den verschiedenen Abschnitten der Wirbelsäule verschieden stark. Sie ist in der Halswirbelsäule am größten, und der Kopf läßt sich daher stark nach rückwärts und zur Seite neigen, weniger aber nach vorwärts. In der Brustwirbelsäule wird die Beweglichkeit durch die Rippen eingeschränkt. Die Gelenkfortsätze der Lendenwirbelkörper verhindern eine gegenseitige Drehbewegung, erlauben aber Verschiebungen zur Seite, nach vorne und nach hinten. Überhaupt ist die Drehung eines Wirbels auf dem anderen kaum möglich. Eine Ausnahme bilden die zwei obersten Wirbel, deren Beweglichkeit das Drehen des Kopfes erlaubt.

Der Brustkorb oder *Thorax* ist ein tonnenförmiger Körper, oben von geringerem Umfang als unten, der aus 12 Paar Rippen, dem Brustbein oder *Sternum* und der Brustwirbelsäule besteht. Er umschließt und schützt Lungen und Herz, dehnt sich beim Einatmen aus und zieht sich beim Ausatmen zusammen und trägt außerdem noch den Schultergürtel. Die oberen 10 Rippenpaare sind hinten mit den Wirbeln und vorn mit dem Brustbein verbunden. Die obersten 7 davon werden echte Rippen genannt, weil sie unmittelbar mit dem Brustbein verbunden sind. Der hintere Anfangsteil einer jeden Rippe setzt gelenkig an zwei Wirbelkörpern an, krümmt sich von dort rückwärts und seitwärts und bildet dabei noch ein Gelenk mit dem Querfortsatz des zugehörigen, darunter liegenden Wirbels. Die Krümmung verläuft dann seitwärts und abwärts bis zur knorpeligen Verbindung der Rippe mit dem Brustbein an der Vorderseite des Brustkorbes. Die 8., 9. und 10. Rippe sind nur indirekt mit dem Brustbein verbunden, denn ihre Knorpel verschmelzen mit dem Knorpel der 7. Rippe. Daher heißen sie zusammen mit den frei endigenden Rippen auch falsche Rippen. Diese knorpeligen Ansätze bilden den Rippenbogen unterhalb der Brustmuskeln, der sich an der menschlichen Gestalt als untere Begrenzung des knöchernen Brustkorbes deutlich abzeichnet. Die frei endigenden untersten zwei Rippenpaare sind nur mit den Wirbelkörpern, nicht aber mit dem Brustbein verbunden. Sie treten äußerlich nicht in Erscheinung.
Das Brustbein besteht aus drei Knochen, die gewöhnlich beim Erwachsenen so fest verschmolzen sind, daß sie als ein Knochen betrachtet werden können. Der Schultergürtel ist über das Schlüsselbein durch ein Gelenk oberhalb des Ansatzpunktes der ersten Rippe mit dem Brustbein verbunden. Das komplizierte Gebilde des Brustkorbes kann im wesentlichen als tonnen- oder eiförmig bezeichnet werden, wobei sein Breitendurchmesser beim Erwachsenen den Tiefendurchmesser ein wenig übertrifft. Die allgemeine Form des Rumpfes unmittelbar oberhalb der Taille wird von der unteren größten Weite des Brustkorbes bestimmt. Die blasebalgähnliche Bewegung des gesamten Brustkorbes ist nicht allzu groß. Sie läuft, auf den einfachsten Nenner gebracht, auf eine Ausdehnung und Zusammenziehung hinaus, wobei das Brustbein sich bei der Erweiterung hebt und die Lungen sich mit Luft füllen.

Der Schultergürtel besteht aus den beiden Schlüsselbeinen und den beiden Schulterblättern, die eine bewegliche Knochenkonstruktion bilden, welche beiderseits über den Brustkorb hinausragt. Wie die Beine vermittelst des Beckengürtels, so sind die Arme vermittelst des Schultergürtels am Körper angebracht. Obgleich die beiden Gürtel in dieser Hinsicht eine ähnliche Aufgabe haben, sind sie doch in ihrem Aufbau sehr verschieden. Der Schultergürtel ist beweglich und erhöht so die Beweglichkeit und Brauchbarkeit der Arme. Der Beckengürtel ist starr und tragfähig und überträgt das Gewicht des Körpers auf die Beine. Jede Hälfte des Schultergürtels ist nur an einem Punkt mit dem Rumpfskelett verbunden. Diese eine Stelle ist das Gelenk in der Halsgrube. Hier ist das Schlüsselbein *(clavicula)* mit dem Brustbein durch ein Gelenk verbunden, das einen großen Bewegungsspielraum hat. Von diesem Punkt an der Vorderseite der

Brust verläuft das leicht s-förmig gebogene Schlüsselbein bis zur Schulter, wo es ein Gelenk mit dem Schulterblatt bildet. So besitzt also das Schulterblatt keine direkte Gelenkverbindung mit dem Rumpf, sondern ist nur indirekt über das Schlüsselbein und die an ihm ansetzenden Muskeln mit dem Rumpf verbunden.
Das Schulterblatt *(scapula)* ist in seinem Hauptteil eine dünne, dreieckige Knochenplatte, die so gebogen ist, daß sie sich der Form des Brustkorbes anpaßt, dem sie hinten anliegt. An dem oberen, zur Seite gerichteten Winkel befindet sich eine flache konkave Gelenkfläche, die den abgerundeten Kopf des Oberarmknochens aufnimmt. Zwei Knochenvorsprünge erheben sich auf der dreieckigen Fläche des Schulterblattes. Der größere, die Schultergräte, ist ein Knochenkamm, der auf der Hinterseite des Schulterblattes entspringt und schräg aufwärts und seitwärts verläuft, bis er in einem verbreiterten Fortsatz, der Schulterhöhe *(acromion)* endet. Zwischen Schulterhöhe und Schlüsselbein besteht eine gelenkige Verbindung. Diese Knochenverbindung wirkt als schützender Schild für das Schultergelenk. Der kleinere der beiden Knochenvorsprünge, der Rabenschnabelfortsatz *(processus coracoideus)* geht vom äußeren Winkel des Schulterblattrandes nach vorn ab und schützt das Schultergelenk von vorne. An ihm entspringen zwei Oberarmmuskeln und setzt der kleine Brustmuskel an.
Die vorspringenden Fortsätze und die breite Fläche des Schulterblattes dienen als starke Hebelarme und Muskelansätze für die Schultermuskulatur. Die Schulterhöhe, die Schultergräte und das Schlüsselbein liegen so nahe unter der Haut, daß sie sich bei einem mageren Menschen deutlich sichtbar abzeichnen. Von oben gesehen beschreiben sie ein knöchernes V, dessen einer Schenkel von vorn, und dessen anderer Schenkel von hinten kommt, wobei die Verbindungsstelle über dem Oberarmbein liegt. Alle Bewegungen des Schultergürtels erfolgen in der einzigen direkten Verbindung mit dem Rumpf – dem Gelenk in der Halsgrube. Die Gesamtbewegung des Schultergürtels ist das Ergebnis der Bewegung, die das am Brustbein gelenkig befestigte Schlüsselbein ausführt, wobei diese Bewegung noch eine Ergänzung durch die Bewegung des mit dem Schlüsselbein gelenkig verbundenen Schulterblattes erfährt. Die freie gleitende Bewegung des Schulterblattes über den Rippen ist dadurch möglich, daß zwischen den am Schulterblatt angreifenden Muskeln und dem Brustkorb eine Schicht aus lockerem Verschiebegewebe liegt.

Der Beckengürtel oder das Becken besteht aus den beiden Hüftbeinen und dem Kreuzbein. Die beiden Hüftbeine sind vorne untereinander und rückwärts mit dem Kreuzbein durch Gelenke mit äußerst kleinem Bewegungsspielraum verbunden. Zusammen bilden diese drei Knochen einen Ring, der das Rumpfgewicht auf die Beine überträgt. Das Hüftbein besteht in der Jugend aus drei einzelnen Knochen, dem Darmbein *(os ilium)*, dem Sitzbein *(os ischii)* und dem Schambein *(os pubis)*, die beim Erwachsenen miteinander verschmolzen sind. Der obere Teil des Hüftbeins besteht aus dem Darmbein, einem ausladenden, schaufelähnlichen Knochen, der oben von einem kräftigen, oval geformten Wulst, dem Darmbeinkamm, begrenzt ist. Dieser Kamm liegt in seiner ganzen Länge dicht unter der Haut und ist besonders beim Mann sehr gut sichtbar. Er bildet die Grenze zwischen Bauchwand und Hüfte. Der untere Teil des Hüftbeins wird vorn vom Schambein, hinten vom Sitzbein gebildet. Die beiden vorspringenden Schambeine sind durch die Schamfuge unterhalb des Bauches miteinander verbunden. Das Sitzbein, hinter dem Schambein gelegen, tritt äußerlich überhaupt nicht in Erscheinung, das heißt es zeichnet sich an der menschlichen Gestalt nicht ab (siehe Seite 64). Im unteren Abschnitt der Außenseite des Hüftbeins befindet sich die tiefe Gelenkpfanne zur Aufnahme des Oberschenkelkopfes. Ihre Tiefe schränkt zwar die Beweglichkeit des Oberschenkelknochens ein, erhöht aber die Belastbarkeit des Gelenkes, das ja das ganze Rumpfgewicht tragen muß. Die ausladenden Flächen der Hüftbeine bewirken den Schutz der von ihnen umschlossenen Organe, denen sie infolge ihrer schalenförmigen Ausbildung auch als Stütze dienen. Außerdem bieten sie den Bein-, Hüft- und Rumpfmuskeln breite Ansatzflächen.

Die Muskeln des Rumpfes

Die Rumpfmuskeln lassen sich in zwei Gruppen zusammenfassen: die Muskeln, die sich vom Brustkorb zum Becken hinziehen und die Bewegungen in der Lendenwirbelgegend bewirken, und jene Muskeln, die im oberen Teil des Rumpfes auf den Schultergürtel und die Oberarme einwirken.
Von den Muskeln der unteren Rumpfhälfte, die beidseitig der Mittellinie des Körpers vorhanden sind, sind die drei wichtigsten das Oberflächenrelief formenden: der Rückenstrecker *(musculus sacrospinalis)*, der gerade Bauchmuskel *(musculus rectus abdominis)* und der äußere schräge Bauch-

muskel *(musculus obliquus externus abdominis)*. Der Rückenstrecker entspringt vom Kreuzbein, den unteren Lendenwirbeln und dem hinteren Teil des Hüftbeinkammes. Seine Fasern ziehen sich aufwärts und teilen sich in drei parallele Einzelzüge: den Dornmuskel des Rückens *(m. spinalis dorsi)*, den langen Rückenmuskel *(m. longissimus dorsi)* und den Darmbein-Rippenmuskel *(m. iliocostalis)*. Diese Einzelzüge haben viele Ansatzstellen an den Rippen und an den Dorn- und Querfortsätzen der Brust- und Halswirbel. Der Rückenstrecker ist in der Lendengegend am dicksten, wo er auch formend in Erscheinung tritt. Er richtet den Rumpf auf, hält ihn in jeder Stellung aufrecht, neigt die Wirbelsäule und streckt den Hals.

Dem Rückenstrecker entsprechend an der Vorderseite des Rumpfes verläuft der gerade Bauchmuskel, der beidseitig der Mittellinie Oberrand des Schambeins hinauf bis zu den Rippen zieht. Seine Fasern sind in ihrem Längsverlauf durch Sehnenstreifen unterbrochen, die auf der Körperoberfläche als horizontale Furchen in Erscheinung treten und von denen im allgemeinen drei, besonders beim Mann, gut sichtbar sind. Der gerade Bauchmuskel ist völlig von einer dünnen sehnigen Scheide *(Aponeurose)* überdeckt. Zur größeren Übersichtlichkeit ist in den Bildtafeln diese Scheide weggelassen worden. Nur einige Linien, die über den geraden Bauchmuskel gezogen wurden, deuten ihr Vorhandensein an. Der gerade Bauchmuskel bewirkt die Beugung des Rumpfes nach vorn.

Der äußere schräge Bauchmuskel entspringt an den seitlichen Außenflächen der 6. bis 12. Rippe, seine Köpfe sind auf den Rippen treppenförmig angeordnet. Die Fasern des rückwärtigen Abschnittes setzen an den vorderen zwei Dritteln des Darmbeinkammes an. Die vorderen Fasern dieses Muskels enden jedoch in der oben erwähnten *Aponeurose,* die sich bis zum Schambeinhöcker und bis zur Mittellinie des Körpers erstreckt, wo sie sich mit der *Aponeurose* der anderen Seite verbindet. Der starke sehnige Streifen, der die untere Kante dieser *Aponeurose* bildet, heißt das Leistenband *(ligamentum inguinale)*. Der Muskel ist dort dünn, wo er den Rippen aufliegt, wird aber nach unten zu beträchtlich dicker und bildet seiner Form nach ein Parallelogramm. Seine untere Kante folgt dabei genau der Linie des Darmbeinkammes. Durch diesen Muskel unter anderem die Seitwärtsneigung des Körpers bewirkt.

Die Muskeln des Rumpfoberteiles lassen sich in folgende drei Untergruppen einteilen: solche, die an den Rippen oder der Wirbelsäule entspringen und am Schultergürtel ansetzen; andere, die zwar ebenda entspringen, aber direkt am Arm ansetzen und nur indirekt auf den Schultergürtel einwirken, und wieder andere, die vom Schultergürtel ausgehend am Arm ansetzen.

Von der ersten Untergruppe seien vier Muskeln genannt: der große und kleine Rautenmuskel *(m. rhomboideus major* und *minor)*, hier als ein Muskel angesehen, der Schulterblattheber *(levator scapulae)*, der Trapez- oder Kapuzenmuskel *(m. trapezius)* und der große sägeförmige Muskel *(m. serratus anterior)*. Die Rautenmuskeln ziehen von den Dornfortsätzen der beiden unteren Hals- und der vier oberen Brustwirbel zum inneren Schulterblattrand. Der Schulterblattheber zieht von den Querfortsätzen der vier oberen Halswirbel zum Schulterblattrand direkt oberhalb der Ansatzstelle der Rautenmuskeln. Obgleich diese drei Muskeln fast völlig vom Trapezmuskel überdeckt werden, haben sie doch einen indirekten Einfluß auf die Kontur des Körpers. Bei der Drehung des Schulterblattes wirken sie zusammen.

Der Trapezmuskel, der unter der Haut liegende flächige, die oberen und hinteren Partien von Hals und Schulter überdeckende Muskel, entspringt am Hinterhauptbein und über eine flache Sehnenplatte an den Dornfortsätzen aller Brustwirbel. Seine Fasern konvergieren und setzen am äußeren Drittel des Schlüsselbeins, an der Schulterhöhe *(Acromion)* und an der Schulterblattgräte an. Die oberen Fasern dieses Muskels bilden am Hals einen mehr oder weniger senkrechten Strang. Der Mittelteil des *trapezius* ist gewichtig und bildet eine vom Hals zur Schulter hin abfallende Fläche; der Unterteil des Muskels ist dünn und paßt sich der Kante des Schulterblattes und der Rundung des Brustkorbes an. Im Nacken wird durch die Form seiner Sehne eine deutliche Vertiefung hervorgerufen, die besonders ausgeprägt ist, wenn die Muskelfasern zusammengezogen und dick sind. In dieser Vertiefung kann man unter der Haut ganz deutlich den Abdruck von ein oder zwei Dornfortsätzen erkennen. Die weitverzweigten Ansätze des *trapezius* und der verschieden gerichtete Verlauf seiner Fasern befähigen ihn zu mehreren Funktionen: Er beugt den Kopf nach rückwärts, hebt die Schulter an und zieht sie zurück und ist mit seinem Unterteil an der Drehbewegung des Schulterblattes beteiligt.

Der große sägeförmige Muskel ist ein gefiederter Muskel, dessen einzelne Streifen von der 1. bis 9. Rippe ausgehen und sich zwischen Brustwand und Schulterblatt bis zum Wirbelsäulenrand des

Schulterblattes auf dessen Innenseite hinziehen. Da das Schulterblatt die obersten Streifen dieses Muskels vollständig überdeckt, sind sie hier unbeachtet geblieben und nicht in die Bildtafeln eingezeichnet. Nur die sieben unteren Muskelstreifen erscheinen im Bild. Sie konvergieren wie ein Fächer und setzen am unteren Winkel des Schulterblattes an. Die Ursprungszacken der unteren vier oder fünf Streifen greifen in den stufenförmigen oberen Rand des äußeren schrägen Bauchmuskels ein. Hier liegt der Muskel dicht unter der Haut und zeichnet sich als eine Serie fleischiger Punkte ab, die bei erhobenem Arm besonders deutlich sichtbar sind. Bei dieser Bewegung ist der Muskel zusammengezogen, denn er zieht die untere Ecke des Schulterblattes vorwärts und aufwärts, was das Hochheben des Armes erst ermöglicht. Die Auswirkungen der Bewegungen der vier Muskeln dieser ersten Untergruppe auf den Schultergürtel sind vielfältiger Art. Durch das Bewegen des Schultergürtels, der mit dem Arm gelenkig verbunden ist, tragen sie sehr stark zur Bewegungsfreiheit und zur Brauchbarkeit der Arme bei.

Die zweite Untergruppe der oberen Rumpfmuskulatur setzt sich aus zwei Muskeln zusammen, die beide am Rumpf entspringen, den Schultergürtel umgehen und direkt am Arm ansetzen. Diese Muskeln sind der große Brustmuskel *(m. pectoralis major)* und der breite Rückenmuskel *(m. latissimus dorsi)*. Technisch gehört der große Brustmuskel eigentlich nicht ganz in diese Gruppe, da seine oberen Fasern am Schultergürtel entspringen, und zwar von der inneren Hälfte oder den inneren zwei Dritteln des Schlüsselbeines. Davon abgesehen, kann man ihn als vom Brustkorb ausgehend ansehen. Insgesamt gesehen zieht er vom Schlüsselbein, vom Brustbein und vom Oberteil der *Aponeurose* des äußeren schrägen Bauchmuskels zum Oberarm. Die Muskelfasern laufen von diesen Ursprüngen aus zusammen, wobei die unteren Fasern sich in der Achselhöhle unter die oberen drehen und dem Muskel so an dieser Stelle zu seiner größten Dicke verhelfen. Der Ansatz am Oberarmbein befindet sich so weit vom Oberarmkopf, daß eine kräftige Hebelwirkung gewährleistet ist. Die Fasern sind deutlich gebündelt, so daß man gelegentlich an der Oberfläche eine oder mehrere Furchen sich abzeichnen sieht. Die Umrisse des Muskels sind gewöhnlich gut erkennbar, mit Ausnahme der Stelle oberhalb der Achselhöhle, wo äußerlich ein fließender Übergang zum Deltamuskel besteht. Bei der Frau ist der untere Rand des großen Brustmuskels von der weiblichen Brust verdeckt. Der große Brustmuskel dient hauptsächlich dazu, den Arm nach vorne zu holen.

Der breite Rückenmuskel *(m. latissimus dorsi)* ist mehr oder weniger dreieckig geformt, und wie beim großen Brustmuskel sind auch seine Fasern kurz vor der Ansatzstelle leicht zusammengedreht. Er entspringt von den elf untersten Wirbeln, dem Kreuzbein und dem rückwärtigen Abschnitt des Darmbeinkammes. Am unteren Teil ist seine Sehne sehr lang und überdeckt das ganze Kreuz. Die Muskelfasern ziehen schräg aufwärts und konvergieren, verlaufen zwischen den Rippen und dem Arm, wobei sie eine Drehung um sich selbst beschreiben, und setzen an der Vorderseite des Oberarmbeins oberhalb und innerhalb der Ansatzstelle des großen Brustmuskels an. Die oberen Fasern des breiten Rückenmuskels überlagern die untere Spitze des Schulterblattes und den großen Rundmuskel *(m. teres major)*, was den Eindruck hervorruft, als würden diese in einer Muskelschlinge gehalten. Obgleich der Muskel – mit Ausnahme seines Ansatzes am Arm – dicht unter der Haut liegt, wird seine Gestalt für das Auge von der Form der Rippen, dem großen Rundmuskel und dem großen Rückenstrecker bestimmt, die er sämtlich überlagert. Die Hauptfunktion des breiten Rückenmuskels liegt im Zurückziehen des Armes; in Zusammenarbeit mit dem großen Brustmuskel und dem großen Rundmuskel zieht er den Arm herab und dreht ihn einwärts.

Die dritte Untergruppe der oberen Rumpfmuskeln umfaßt diejenigen, die vom Schultergürtel ihren Ursprung nehmen und am Arm ansetzen. Aus dieser Gruppe seien angeführt: der dreieckige Schultermuskel *(m. deltoideus)*, der Untergrätenmuskel *(m. infraspinatus)* und der große Rundmuskel *(m. teres major)*. Der Deltamuskel entspringt an der Schultergräte, der Schulterhöhe und dem äußeren Drittel des Schlüsselbeins. Seine Fasern verlaufen abwärts über den Oberarmbeinkopf und den Rabenschnabelfortsatz des Schulterblattes, sind danach zu der für diesen Muskel charakteristischen dreieckigen Form zusammengefaßt und setzen schließlich in der Mitte der Außenseite des Oberarmbeines an. Die Gestalt dieses Muskels wird seitlich und vorne von der Form des Oberarmkopfes beeinflußt. Direkt unterhalb dieses Kopfes ist der Muskel am dicksten. Bei einer starken Muskelentwicklung liegt daher die größte Schulterbreite des Menschen an der Stelle, wo dieser Muskel am dicksten ist. Bei wenig entwickelter Muskulatur hingegen ist die größte Schulterbreite höher, am Vorsprung des Oberarmkopfes, zu suchen. Werden die mittleren Fasern des Deltamuskels kontrahiert, so wird der Arm seitlich hochgehoben; die vorderen und die hinteren Fasern, die unabhängig voneinander arbeiten, helfen den Arm nach vorn oder nach hinten zu holen.

Der Untergrätenmuskel *(m. infraspinatus)* beginnt am hinteren Rand des Schulterblattes unterhalb der Schultergräte und setzt am Kopf des Oberarmbeins an. Seine Auswirkung auf die Auswärtsdrehung des Armes ist nicht sehr groß, und er prägt sich auch äußerlich kaum aus. Der große Rundmuskel *(m. teres major),* der direkt unter dem Untergrätenmuskel liegt, entspringt von der unteren Schulterblattspitze und ist ein dicker, oft hervortretender Muskel. Seine Fasern verlaufen von ihrem Ursprung schräg aufwärts, führen zwischen Arm und Rippen hindurch und setzen an der Vorderfläche des Oberarmbeinschaftes an. Der untere Abschnitt dieses Muskels wird von den oberen Fasern des breiten Rückenmuskels überdeckt, die sich hier der Form des großen Rundmuskels anpassen. Der Hauptteil dieser beiden Muskeln bildet die fleischige Fülle hinter der Achselhöhle. Sie helfen einander, den Arm zurückzuziehen.

Auf den kürzesten Nenner gebracht, bilden das Schulterblatt und seine Muskeln eine in der Hauptsache dreieckige Masse, die der gerundeten Form des Brustkorbes hinten anliegt. Die Schulter selbst erscheint als die äußere Ecke dieses Dreiecks. Der untere Rand wird durch den *teres major* begrenzt, der obere Rand ist durch die Schultergräte und die dicke Masse des unmittelbar oberhalb liegenden Trapezmuskels markiert. Dieser dreieckigen Masse gegenüber, die Vorderseite des Brustkorbes überlagernd, befindet sich der mehr rechteckige Brustmuskel. Diese mehr oder weniger eckigen Formen kennzeichnen den Oberteil des Rumpfes, während der untere Teil des Rumpfes hauptsächlich von der gerundeten Form des Brustkorbes geprägt wird.

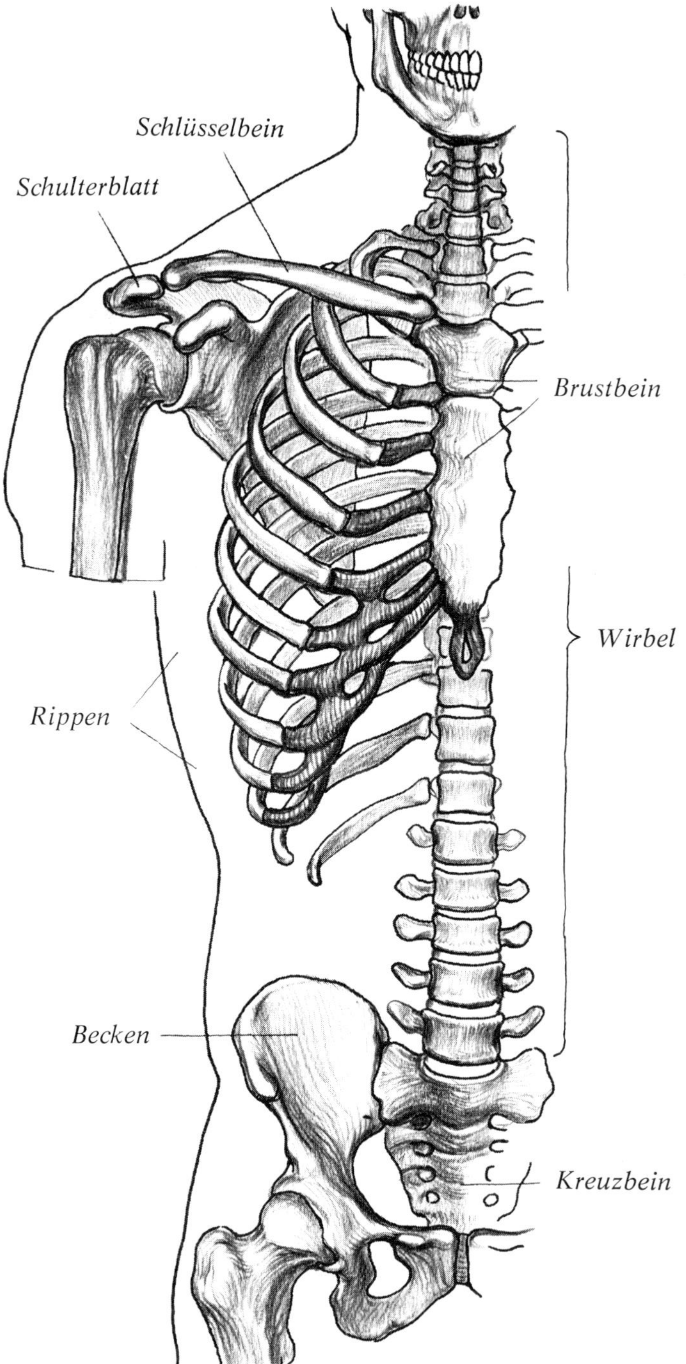

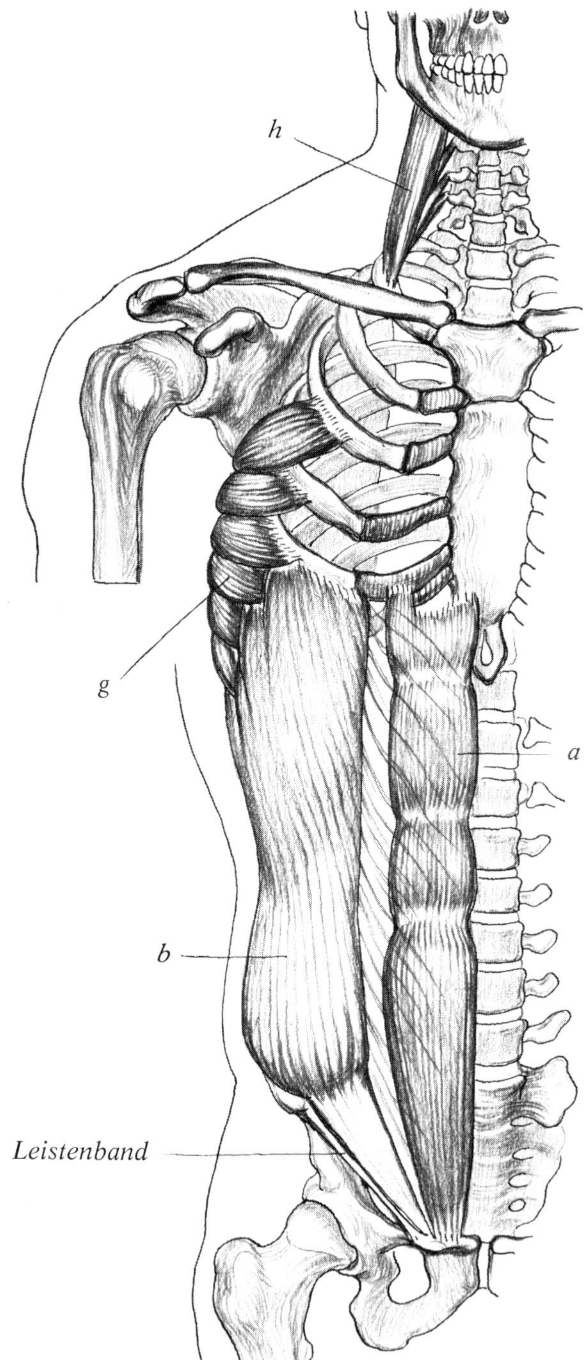

a *rectus abdominis*
b *obliquus externus abdominis – mit Andeutung der Aponeurose, die von diesem Muskel ausgehend den rectus abdominis überdeckt*
g *serratus anterior*
h *scalenus medius*

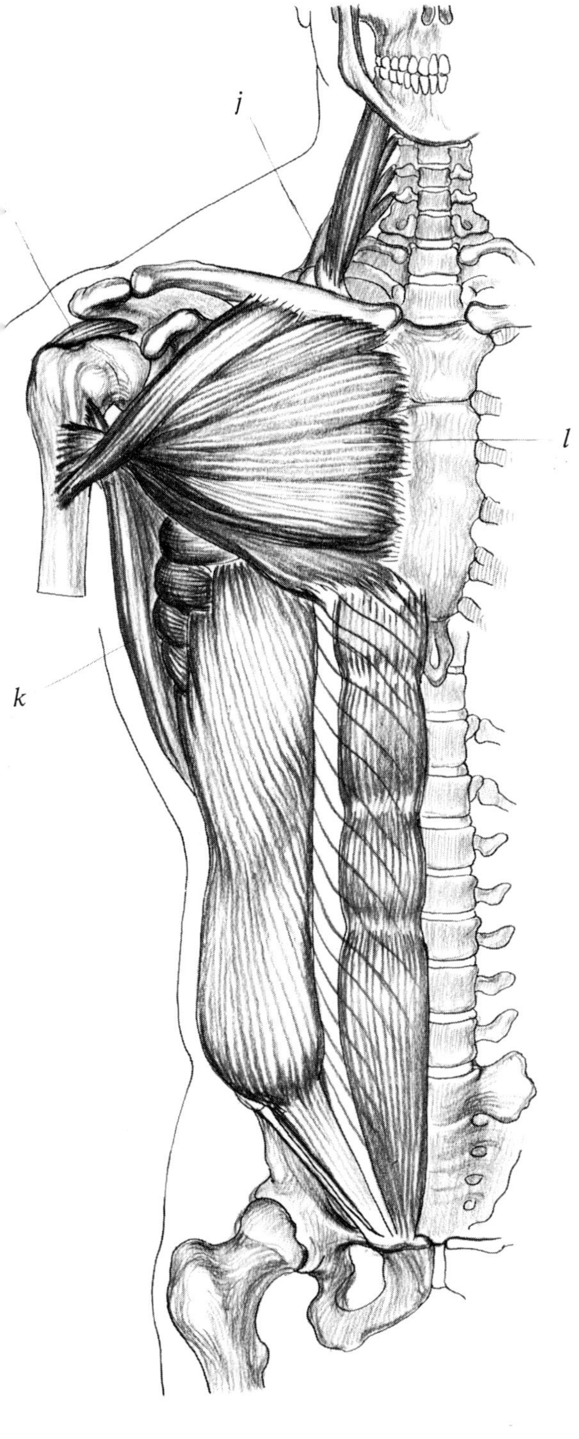

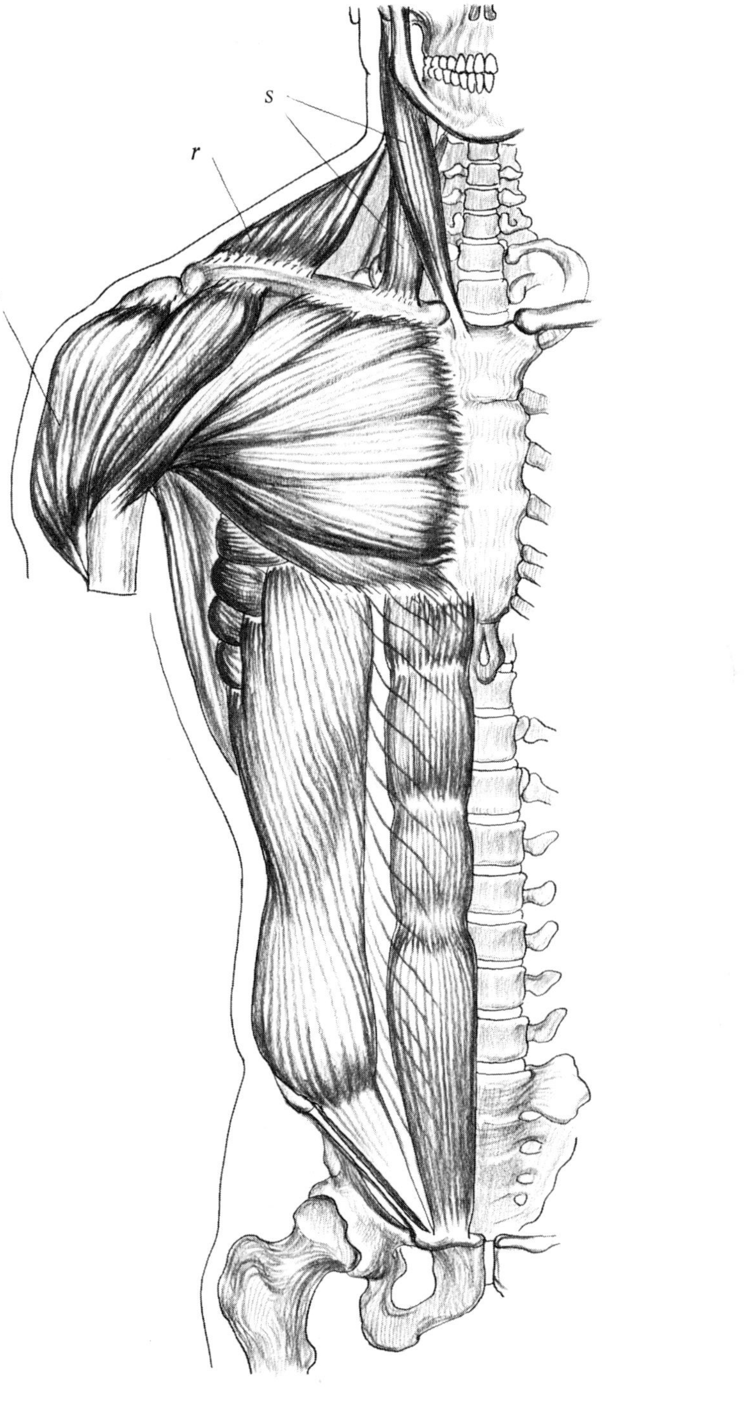

j *levator scapulae*
k *latissimus dorsi*
l *pectoralis maior*
n *infraspinatus*

q *deltoideus*
r *trapezius*
s *sternocleidomastoideus*

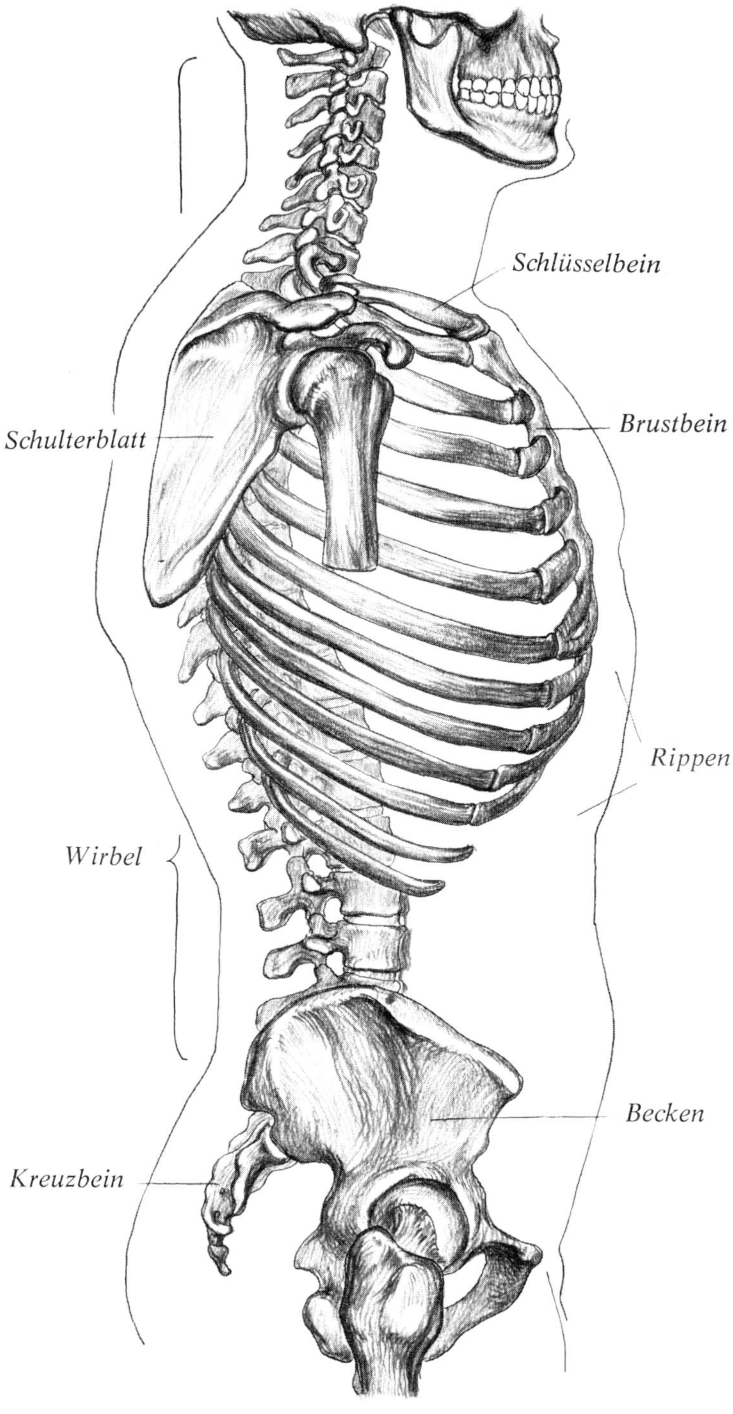

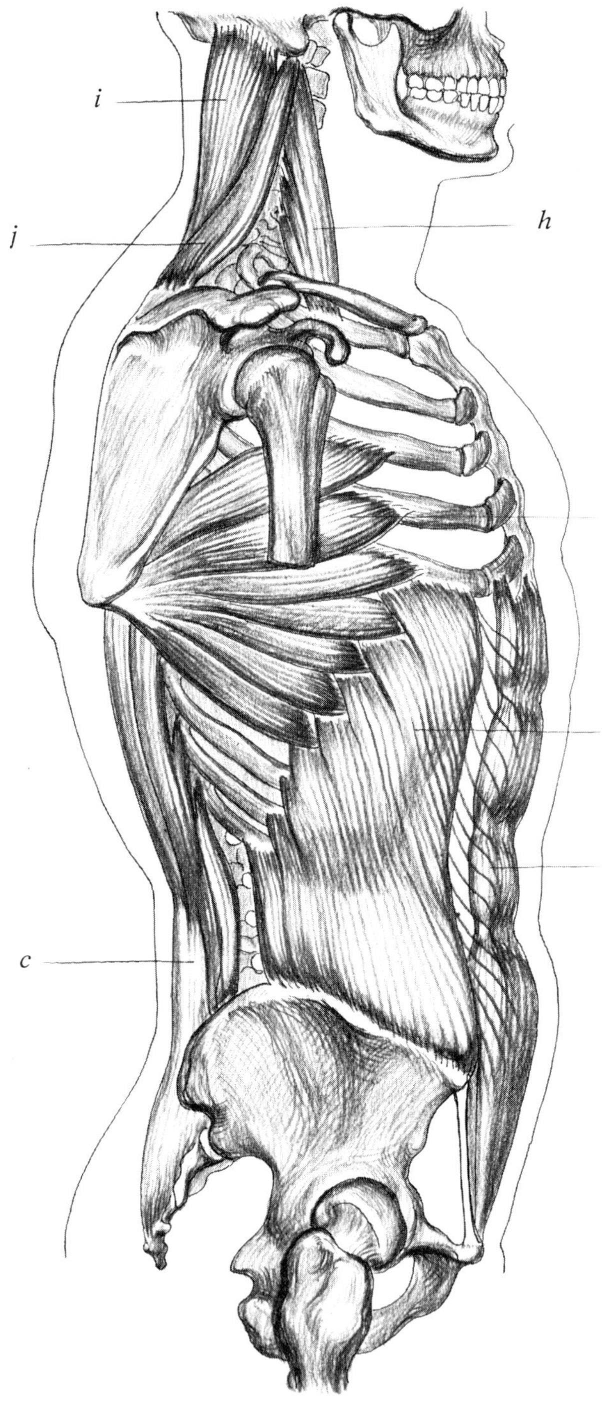

a rectus abdominis
b obliquus externus abdominis – mit Andeutung der Aponeurose, die von diesem Muskel ausgehend den rectus abdominis überdeckt
c sacrospinalis
g serratus anterior
h scalenus medius
i splenius capitis
j levator scapulae

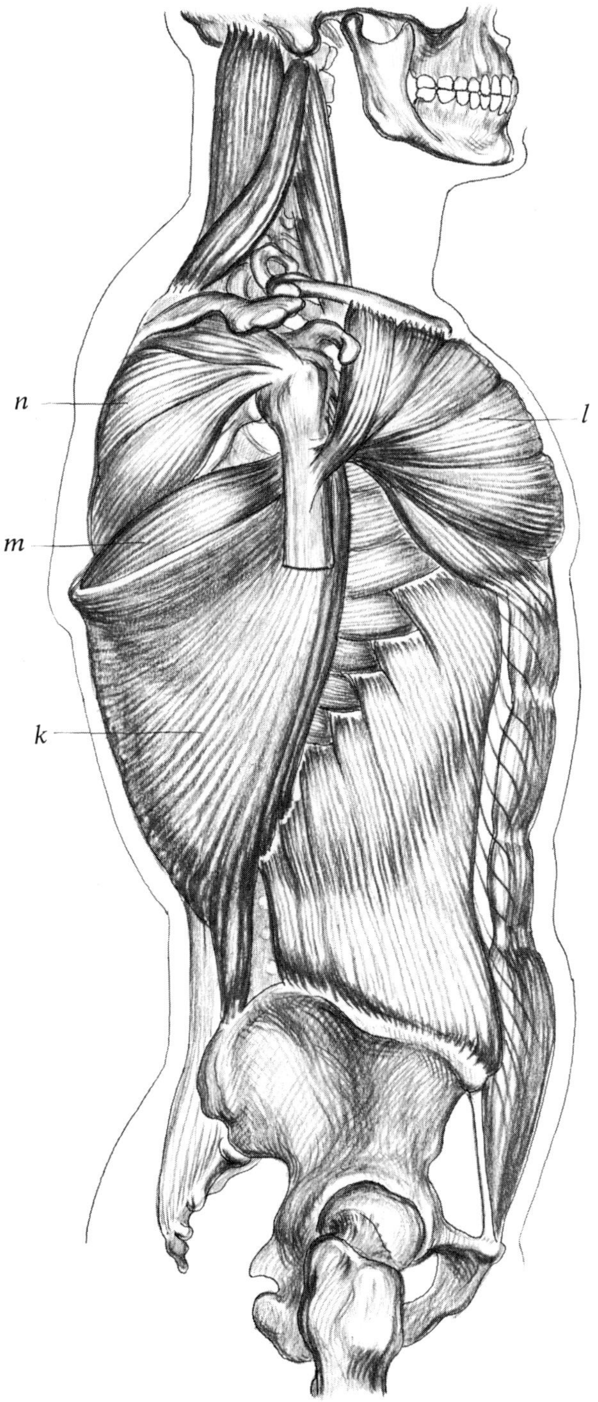

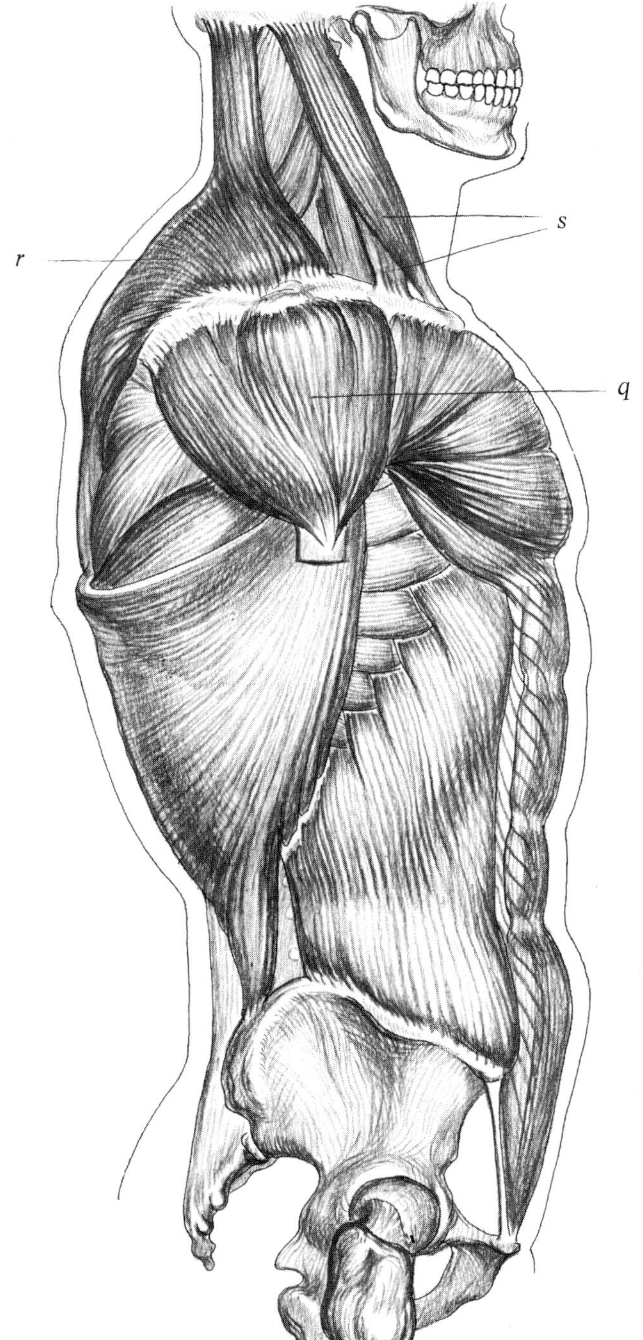

k *latissimus dorsi*
l *pectoralis maior*
m *teres maior*
n *infraspinatus*

q *deltoideus*
r *trapezius*
s *sternocleidomastoideus*

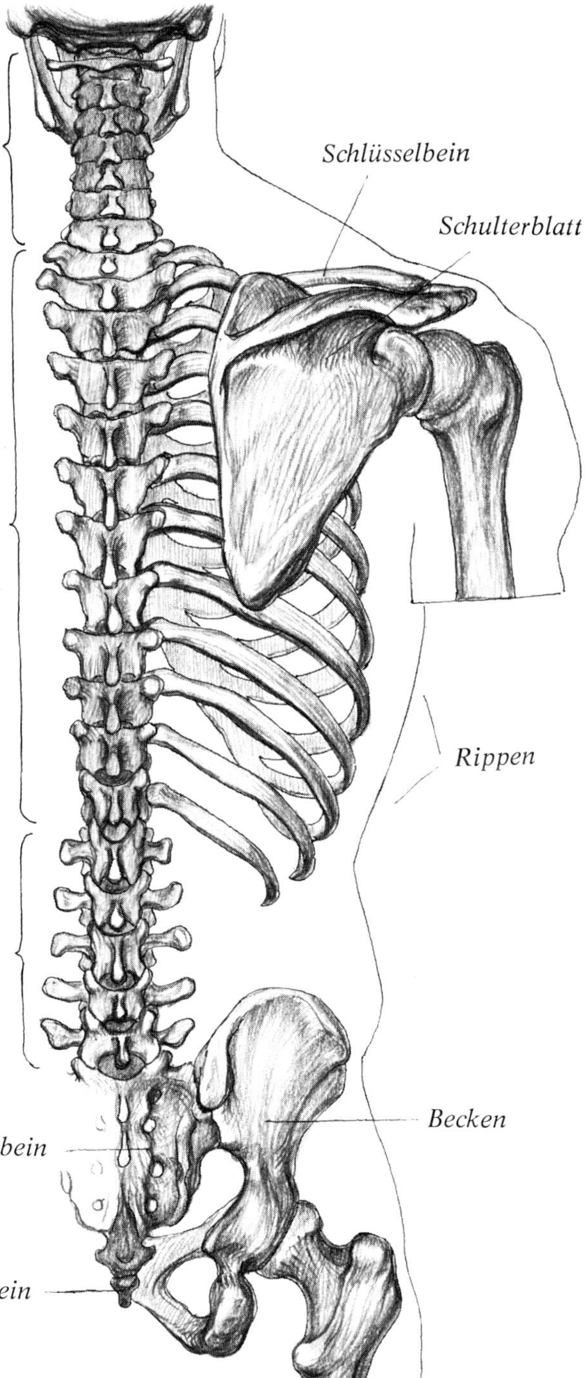

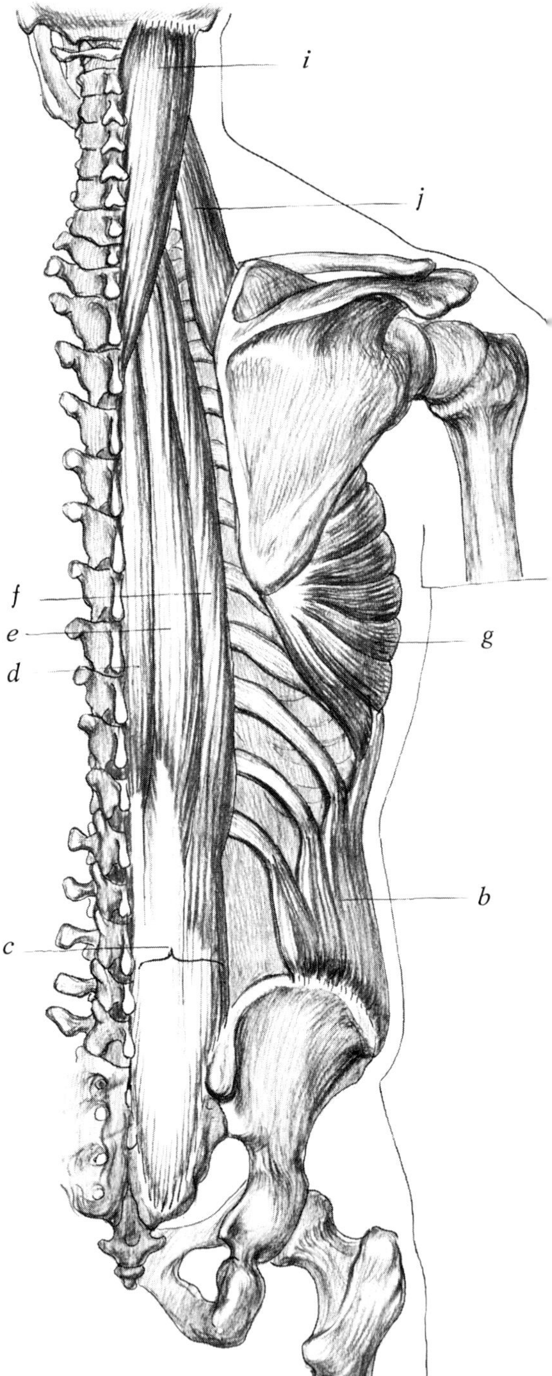

b	*obliquus externus abdominis*	*f*	*iliocostalis*
c	*sacrospinalis, teilt sich unten in die drei Muskeln d, e und f*	*g*	*serratus anterior*
d	*spinalis dorsi*	*i*	*splenius capitis*
e	*longissimus dorsi*	*j*	*levator scapulae*

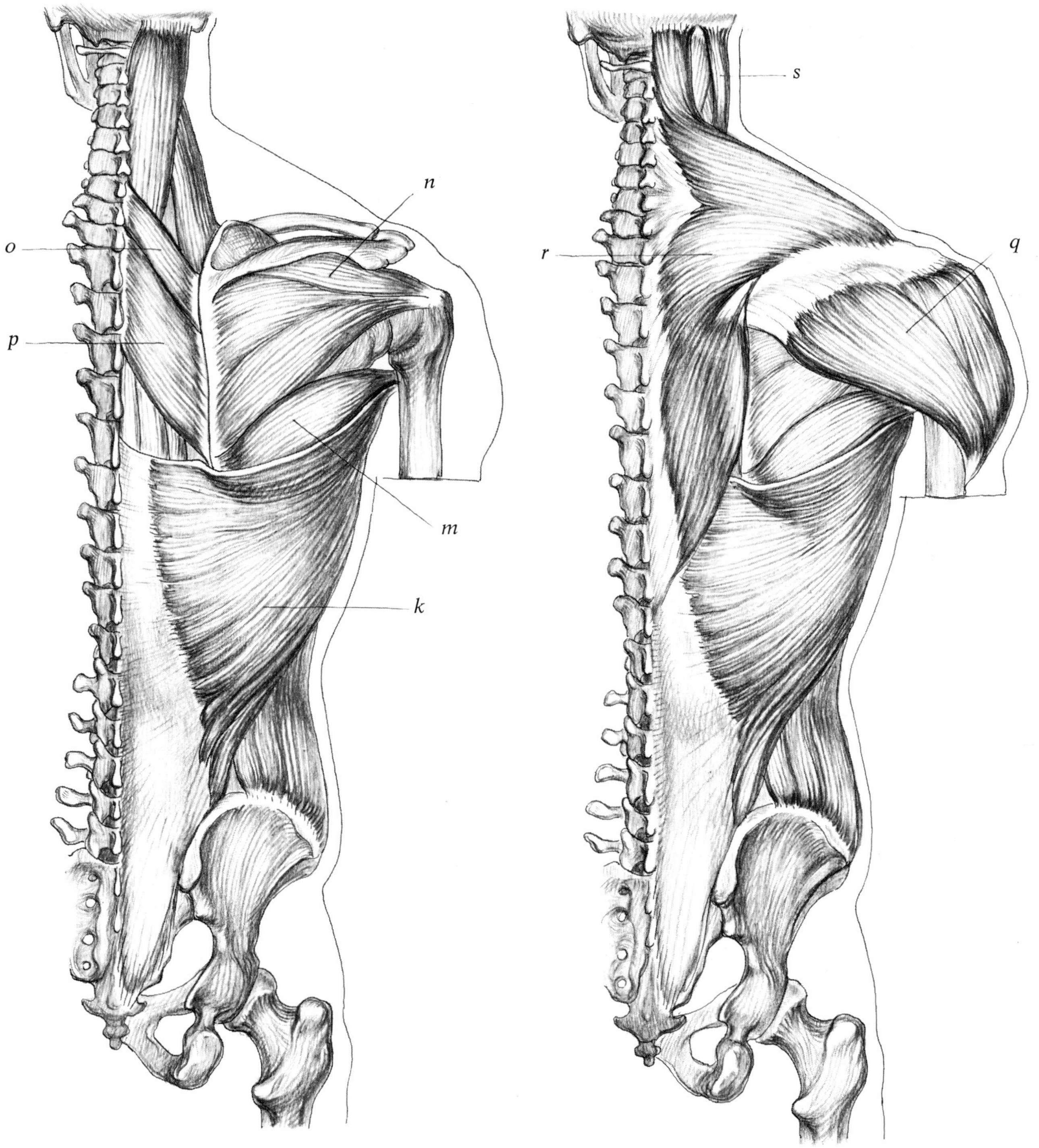

k *latissimus dorsi*
m *teres maior*
n *infraspinatus*
o *rhomboideus minor*
p *rhomboideus maior*
q *deltoideus*
r *trapezius*
s *sternocleidomastoideus*

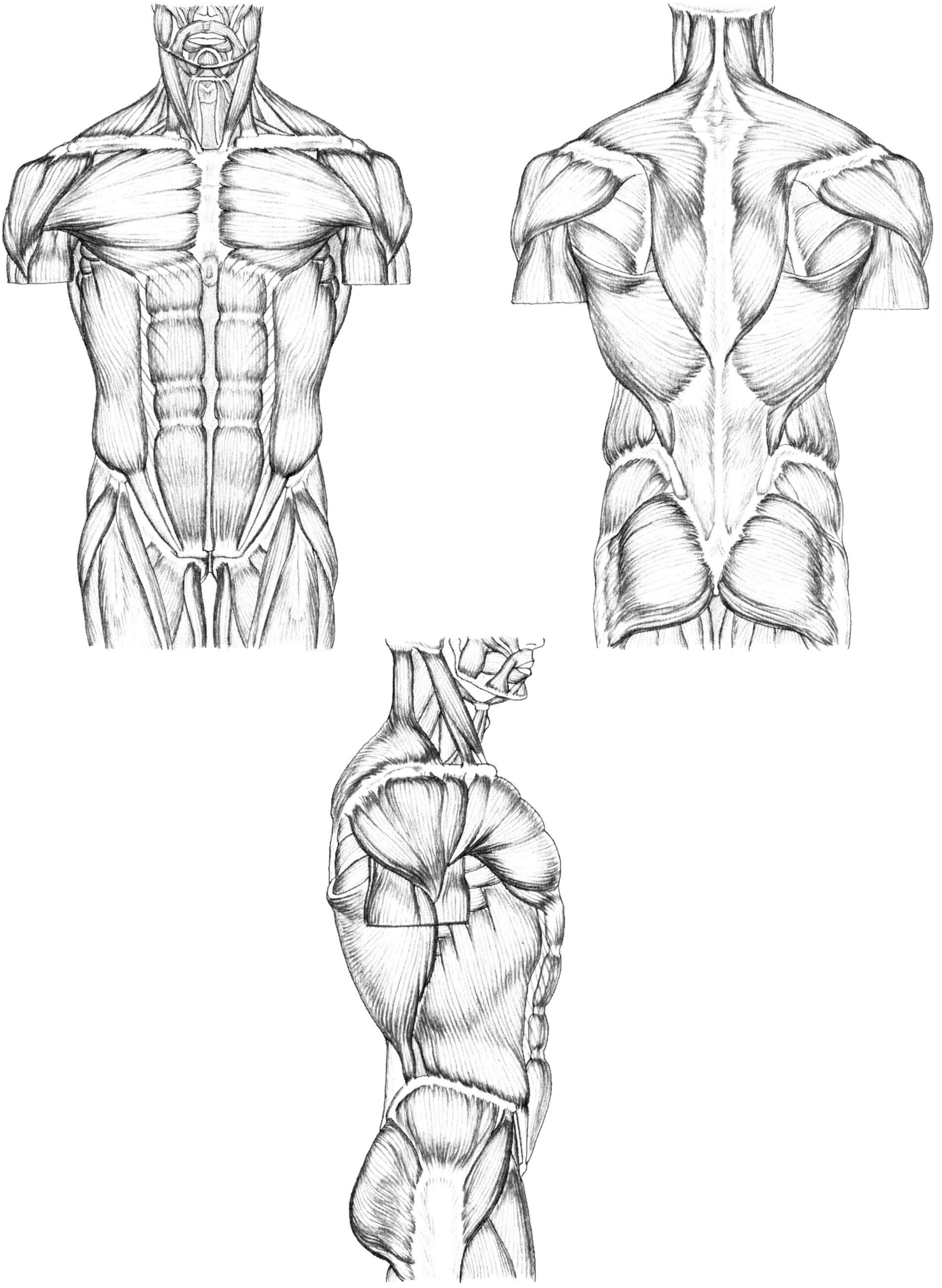

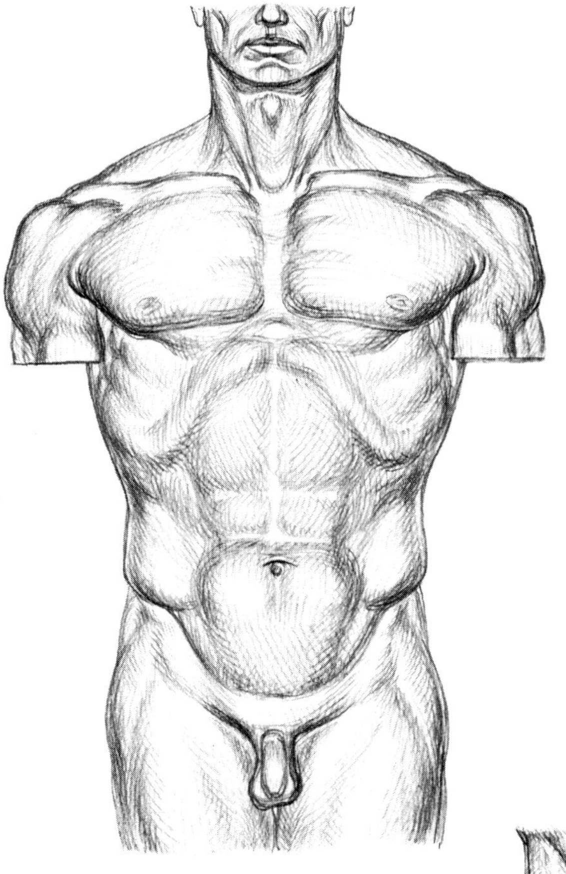

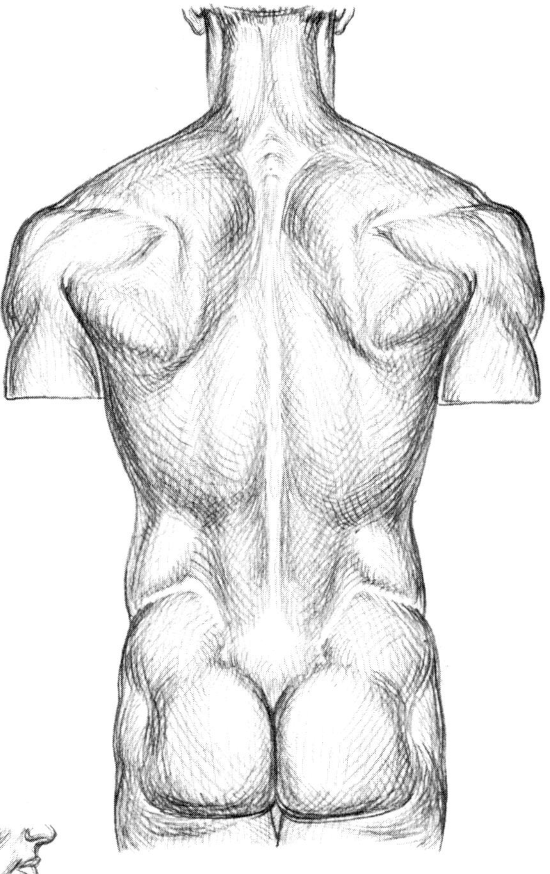

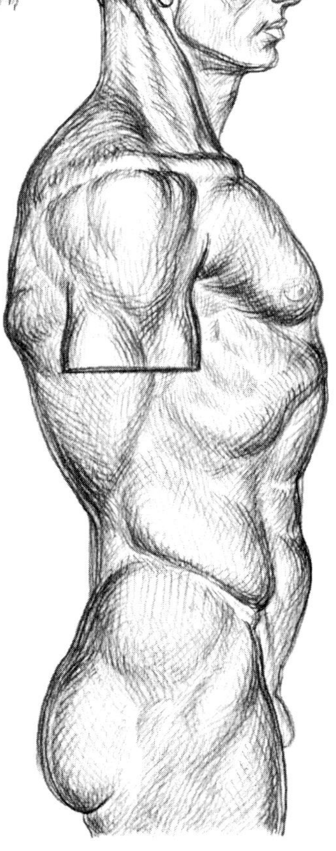

Die Bewegungen des Rumpfes

Der Rumpf läßt sich in jeder Richtung bewegen; er läßt sich vorwärts und rückwärts neigen, seitlich bewegen, indem sich der Brustkorb zur Seite neigt, und auch drehen, wobei sich der Brustkorb um die Achse des Rückgrats dreht. Die häufigsten Bewegungsformen sind auf den folgenden Bildern dargestellt, mit Ausnahme der Drehung, die nur sehr eingeschränkt möglich ist.

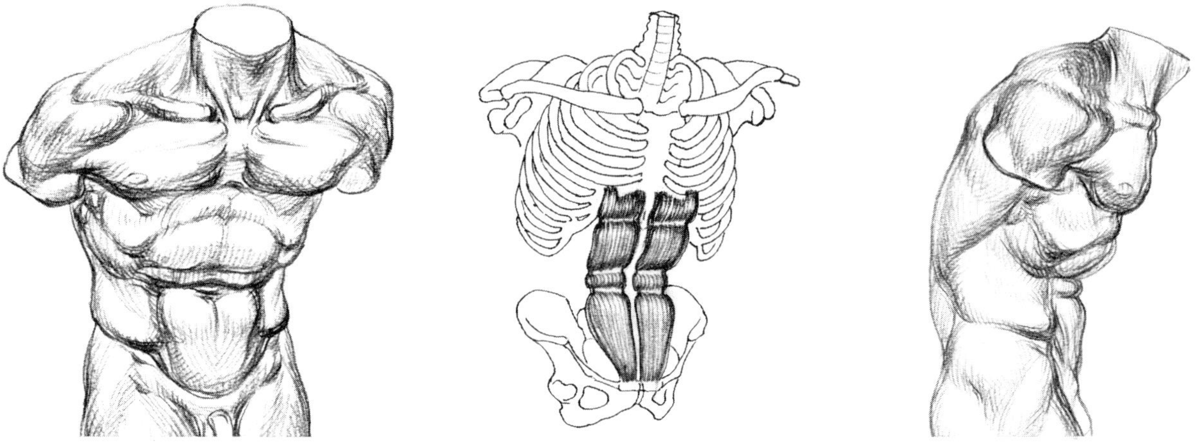

Beugung: rectus abdominis

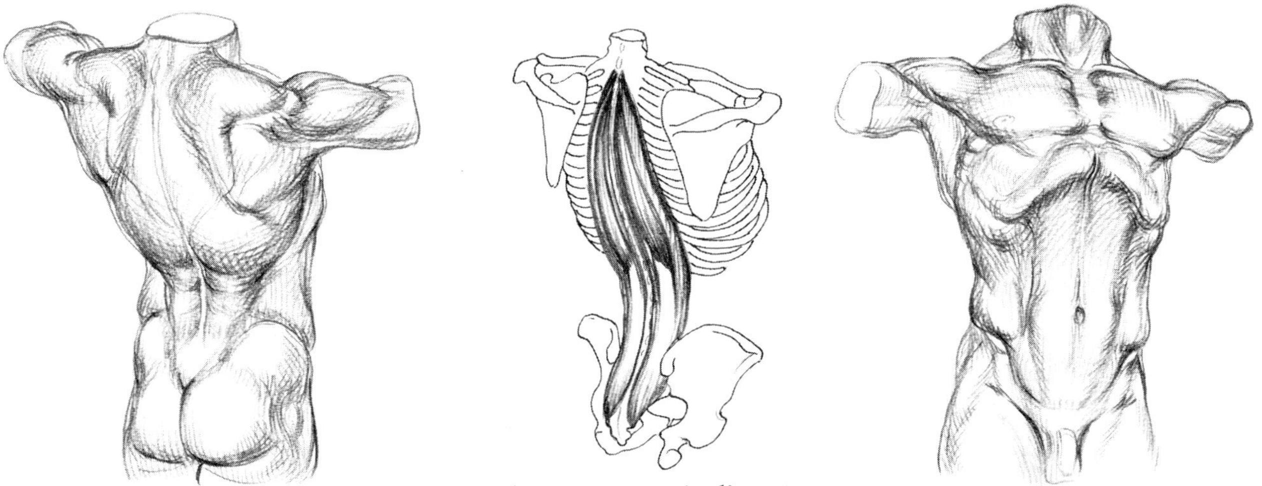

Dehnung: sacrospinalis

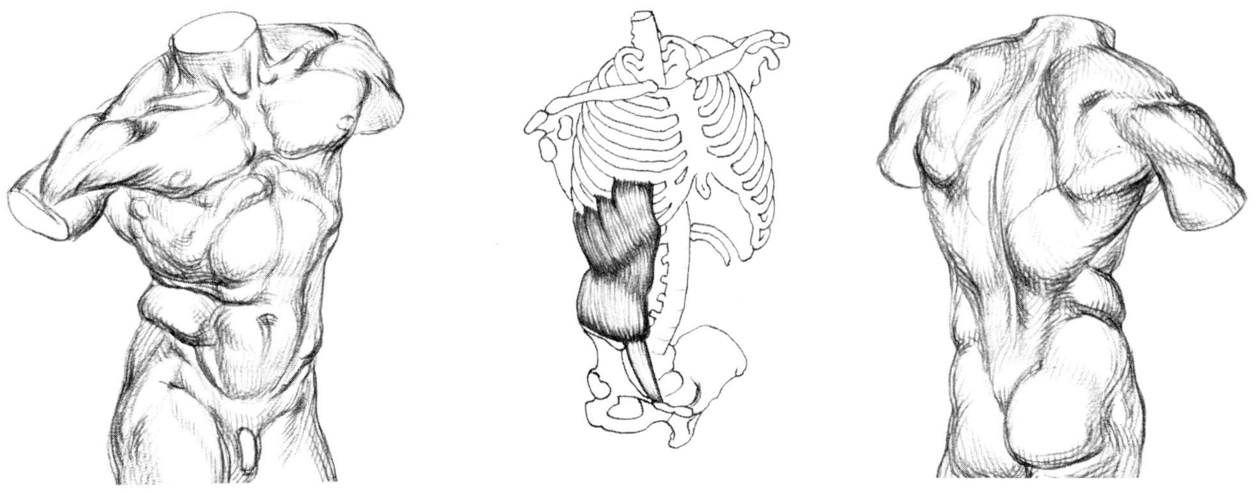

Neigung zur Seite: obliquus externus abdominis

Der Arm

Von allen Teilen des Körpers ist der Arm am beweglichsten angelegt. Durch die Bewegungen des Schultergürtels sowie der Hand und der Finger wird sein Aktionsradius noch zusätzlich vergrößert und seine Brauchbarkeit erhöht.

Die Knochen des Armes

Im Vergleich zu den Beinknochen sind die Knochen des Armes schwächer und schlanker, da sie den Körper nicht zu tragen brauchen. Ihre Gelenke sind so gebaut, daß sie größte Bewegungsfreiheit gewährleisten. Das Schultergelenk ist ein Kugelgelenk, das Scharniergelenk zwischen Oberarmknochen und Elle erlaubt Beugen und Strecken des Unterarmes, und im Handgelenk befindet sich ein Eigelenk, eine Variante des Scharniergelenks. Hängt der Arm so herab, daß sich die Handfläche nach innen weisend parallel zur Außenfläche des Beins befindet, so arbeitet das Handgelenk in einem Winkel von 90 Grad zur Stellung des Ellbogengelenks. Die Brauchbarkeit der Hand wird noch durch die Drehung der Speiche um die Elle gefördert, die bewirkt, daß die Hand soweit auswärts gedreht werden kann, bis die Handfläche nach vorn schaut oder auch um 180 Grad soweit einwärts, daß die Handfläche nach hinten weist. Eine weitere Drehung um zusätzliche 90 Grad kann durch die Drehung des Armes im Schultergürtel erreicht werden. Sie bewirkt, daß die Handfläche bei herabhängender Hand dem Bein parallel nach auswärts weist. Die Verbindung zwischen Arm und Rumpf erfolgt über den beweglichen Schultergürtel. Mit Hilfe dieses komplizierten Systems von Gelenken lassen sich außerordentlich viele Bewegungskombinationen ausführen.

Der Knochen des Oberarms *(humerus)* hat an seinem oberen Ende eine halbkugelige Gelenkfläche, welche in die flache Gelenkpfanne am äußeren Winkel des Schulterblattes paßt. Die geringe Tiefe dieser Pfanne und die verhältnismäßig losen Bänder, welche die Knochen verbinden, verleihen dem Gelenk eine große Bewegungsfreiheit. Am unteren Ende plattet sich das Oberarmbein ab, wird dabei breiter und endet in zwei Gelenkflächen, die nebeneinander liegen und den Eindruck erwecken, als stellten sie eine Seite eines Scharniers dar. Die äußere der beiden Gelenkflächen ist von runder Form, die innere erinnert an einen umgekehrten Sattel. Unmittelbar oberhalb dieser Gelenkflächen befinden sich zwei seitliche Vorsprünge, die *Epicondylen* (Vorsprünge an den seitlichen Flächen des Gelenkknorrens), von denen die beiden großen Gruppen der Unterarmmuskeln ausgehen. Der innere *Epicondylus* springt weiter vor und verleiht so den kräftigen Handbeugemuskeln eine größere Ansatzfläche.

Die Knochen des Unterarms heißen Elle *(ulna)* und Speiche *(radius)*. Die Elle ist mit dem Oberarm durch ein echtes Scharniergelenk verbunden. Die Speiche ist zwar auch gelenkig mit dem Oberarm verbunden, dreht sich aber außerdem noch um die Elle. Am oberen Ende der Elle befindet sich an der Vorderseite eine glatte, c-förmige Fläche, die mit der sattelförmigen Fläche des Oberarmbeins ein Gelenk bildet, das nur Beugen und Strecken gestattet. Oberhalb dieses Gelenks und dahinter springt der Ellbogenhöcker *(olecranon)* oder die Ellbogenspitze kräftig vor. Dieser Höcker verhindert, daß der Unterarm zu weit nach hinten gebeugt wird. Unterhalb dieses Gelenks wird der Schaft der Elle dünner und endet schließlich in einem kugeligen Köpfchen, das oberhalb des Handgelenks auf der Außenseite des Armes gut sichtbar ist. Überhaupt zeichnet sich die Elle in ihrer ganzen Länge auf dem Arm als eine Furche ab, die die Grenze zwischen Innen- und Außenseite bildet. Die Elle ist dem Schienbein insofern ähnlich, als beide dicht unter der Haut liegen; auch läßt sich nach Form und Lage zum Gelenk der Ellbogenhöcker mit der Kniescheibe vergleichen.

Der zweite Unterarmknochen, die Speiche, bildet an zwei Stellen ein Gelenk mit der Elle und ist außerdem mit dem Oberarmbein gelenkig verbunden. Das Ende der Speiche im Ellbogengelenk liegt unterhalb des Oberarmbeins sowie seitlich und etwas vor der Elle. An diesem Ende ist die Speiche verbreitert und bildet eine Art dicker Scheibe. Ihre obere konkave Fläche steht mit der gerundeten Gelenkfläche des Oberarmbeins in Verbindung, während ihre dicke Kante in eine Rinne an der Seite der Elle gelenkig eingreift. Am unteren Ende befindet sich das zweite Gelenk der Speiche mit der Elle. Das untere Ende der Speiche ist stark verdickt und weist eine ovale Höhlung an der unteren Fläche auf, die der gelenkigen Verbindung mit den Handwurzelknochen dient.

Bewegungen im Ellbogengelenk kommen dadurch zustande, daß die Elle sich im Verhältnis zum Oberarm bewegt und dabei die Speiche mitführt. Die Drehung des Unterarms erfolgt durch die Drehung der Speiche um die Elle. Bei dieser Bewegung dreht sich das obere Ende der Speiche an Ort und Stelle, ohne seine Stellung zur Elle zu verändern, während das untere Ende der Speiche um die Elle als Achse herumgeführt wird. Diese Unterarmbewegung wird *Pronation* genannt, wenn die Handfläche einwärts und rückwärts gedreht wird, und *Supination,* wenn die Handfläche auswärts und vorwärts gekehrt wird.

Die Muskeln des Armes

Diese Muskeln lassen sich in vier Hauptgruppen einteilen: zwei Gruppen im Oberarm, die auf das Scharniergelenk des Ellbogens einwirken, und zwei im Unterarm, die auf das Handgelenk einwirken. Hängt der Arm seitwärts herab mit nach innen weisender Handfläche (wie auf den Bildtafeln), so liegen die Oberarmgruppen vorn und hinten, während die beiden Unterarmgruppen nebeneinander liegen, denn das Handgelenk arbeitet rechtwinklig zur Bewegung des Ellbogengelenks. Zu diesen vier Hauptgruppen treten noch zwei kleine Muskeln hinzu, die zu der äußeren Unterarmgruppe gehören und nur auf den Daumen einwirken. Außerdem ist auch der Deltamuskel (dreieckiger Schultermuskel) eingezeichnet, da er hier als Armmuskel betrachtet wird (siehe Seite 26, Beschreibung des Deltamuskels als Muskel des Schultergürtels).

Die Muskeln des Oberarms setzen sich aus einer vorderen und einer hinteren Gruppe zusammen. Vorne liegen der innere Armbeuger *(m. brachialis),* der zweiköpfige Armmuskel *(m. biceps brachi)* und der Hakenarmmuskel *(m. coracobrachialis).* Die beiden ersten sind am Unterarm befestigt und bewegen das Ellbogengelenk. Der *brachialis* entspringt am Schaft des Oberarmbeins und bildet einen breiten und flachen Bauch. Indem er vor dem Ellbogengelenk zum Unterarm zieht, wird er schmäler und dicker und setzt schließlich an der Vorderfläche der Elle an. Im allgemeinen zeichnet er sich äußerlich kaum ab. Zusammen mit dem Bizeps beugt er den Arm im Ellbogengelenk. Der zweiköpfige Armmuskel *(biceps)* entspringt mit zwei Köpfen an zwei verschiedenen Punkten des Schulterblattes. Die lange Sehne, die zum äußeren Kopf dieses Muskels führt, entspringt oberhalb der Gelenkpfanne für das Oberarmbein und führt über den Oberarmbeinkopf hinweg. Der Ursprung des inneren Muskelkopfes befindet sich am Rabenschnabelfortsatz, jenem Teil des Schulterblattes, der vor dem Schultergelenk vorspringt. Die beiden Köpfe vereinigen sich und bilden einen geraden dicken Muskel, der dem inneren Armbeuger *(m. brachialis)* aufliegt und in einer langen Sehne endet, die im Unterarm an der Speiche ansetzt. Der Bizeps und der innere Armbeuger heben den Unterarm an, indem sie den Arm im Ellbogen beugen. Der Bizeps hat die zusätzliche Aufgabe, den Unterarm auswärts zu drehen, da er an der Speiche ansetzt; außerdem hebt und senkt er den Oberarm als Folge seiner beiden Verbindungen mit dem Schulterblatt.

Der Hakenarmmuskel *(m. coracobrachialis)* ist ein kleiner Muskel, den man nur bei erhobenem Arm in der Achselhöhle sieht. Er entspringt am Rabenschnabelfortsatz und setzt am Oberarmbein an. Seine Wirkung auf das Schultergelenk ist so, daß der Arm dem Körper angenähert wird. Nach seinen Funktionen und Ansätzen kann er auch als einer

jener Schultergürtelmuskeln angesehen werden, die vom Schultergürtel zum Arm ziehen.
Die hintere Gruppe der Oberarmmuskeln besteht aus dem dreiköpfigen Oberarmmuskel *(m. triceps brachii)* und dem *m. anconaeus,* die beide am Unterarm ansetzen und das Ellbogengelenk bewegen. Der *triceps* entspringt mit drei getrennten Köpfen: der äußere Kopf vom oberen Abschnitt des Oberarmbeinschaftes, der innere von den unteren zwei Dritteln des Schaftes und der mittlere unterhalb der Gelenkpfanne des Schulterblattes. Sie enden in einer gemeinsamen Sehne, die an der Ellbogenspitze am Unterarm ansetzt. Ist der Muskel nicht angespannt, so kann man seine drei Köpfe äußerlich oft nicht unterscheiden, sie erscheinen einfach als eine Masse, die in der Mitte dicker ist als an den Enden. Bei Anspannung tritt jedoch der obere Teil des äußeren Kopfes deutlich hervor, während die Sehne sich als Vertiefung abzeichnet. Der dreiköpfige Oberarmmuskel streckt den Unterarm und bringt ihn in eine Linie mit dem Oberarm. Der *anconaeus* ist ein kleiner Muskel unmittelbar unterhalb des Ellbogens. Man könnte ihn als eine Erweiterung des *triceps* ansehen, denn einige seiner Fasern vereinigen sich mit Fasern des unteren Abschnitts des äußeren Kopfes dieses Muskels. Der *anconaeus* entspringt am äußeren *Epicondylus* des Oberarmbeins, verläuft ab- und rückwärts und setzt an der Elle an. Bei völlig ausgestrecktem Arm ist der Muskel am ausgeprägtesten, denn er bildet dann ein kleines Polster neben der Ellbogenspitze. Er unterstützt die Bewegungen des dreiköpfigen Oberarmmuskels.

Der dreieckige Schultermuskel *m. deltoideus* ist nicht nur ein Muskel des Schultergürtels, sondern auch ein Oberarmmuskel. Es ist dies ein massiger, dreieckiger Muskel, der das Schultergelenk überspannt. Er entspringt vom äußeren Drittel des Schlüsselbeins, von der Schulterhöhe und von der Schultergräte. Seine Fasern verlaufen abwärts über den Oberarmbeinkopf hinweg und setzen an der Außenseite des Oberarmbeins an. Die Gestalt dieses Muskels wird an der Seite und vorne vom Oberarmbeinkopf geformt. Seine größte Dicke erreicht er aber unterhalb dieses Kopfes. Ziehen sich seine mittleren Fasern zusammen, so wird der Oberarm nach der Seite gehoben, eine Bewegung, die der durch den *coracobrachialis* hervorgerufenen entgegengesetzt ist. Die vorderen und hinteren Fasern des Deltamuskels, die getrennt arbeiten, helfen mit, den Arm vorwärts oder rückwärts zu bewegen und um die eigene Achse zu drehen.

Die Muskeln des Unterarms haben komplizierte Funktionen. Das Drehen des Unterarms, die Bewegungen des Handgelenks und die meisten Fingerbewegungen werden von ihnen bewirkt. Die dreizehn Muskeln des Unterarms, die in den Bildtafeln erscheinen, werden – entsprechend ihrer Lage auf den Abbildungen dieses Buches – in zwei Gruppen eingeteilt: die inneren und äußeren Muskeln (sonst ist eine Benennung als *dorsale* und *ventrale* Gruppe üblich), zu denen noch eine kleine Untergruppe tritt, die den Daumen bewegt.
Die äußere Gruppe der Unterarmmuskeln besteht aus sechs Muskeln, von denen vier vom äußeren *Epicondylus* des Oberarmbeins ausgehen, während zwei vom direkt darüber befindlichen Knochenkamm entspringen. Die vom *Epicondylus* ausgehenden sind: der ulnare Handstrecker *(m. extensor carpi ulnaris),* der eigene Streckmuskel des Kleinfingers *(m. extensor digiti quinti proprius),* der gemeinsame Fingerstrecker für den 2. bis 5. Finger *(m. extensor digitorum communis)* und der kurze radiale Handstrecker *(m. extensor carpi radialis brevis).* Diese vier Muskeln laufen nebeneinander her und haben eine gemeinsame Anfangssehne. Sie haben alle schlanke Muskelbäuche und enden jeweils mit einer eigenen langen Endsehne. Der Muskel an der Rückseite des Armes neben der Elle ist der ulnare Handstrecker *(m. extensor carpi ulnaris).* Seine Endsehne verläuft hinter dem knochigen Vorsprung an der Basis der Elle und setzt am Mittelhandknochen des kleinen Fingers an. Er hilft, die Hand im Handgelenk zu strecken, und bewirkt in Zusammenarbeit mit dem hinteren Muskel der inneren Gruppe die Beugung der Hand in Richtung Handrücken und Elle.
Die nächsten zwei Muskeln sind der eigene Streckmuskel des Kleinfingers *(m. extensor digiti quinti proprius)* und der gemeinsame Fingerstrecker *(m. extensor digitorum communis).* Sie sind so eng miteinander verbunden, daß sie manchmal als ein Muskel angesehen werden. Die Sehnen der beiden Muskeln liegen im Bereich des Handgelenks ganz eng zusammen, fächern sich auf dem Handrücken wieder auf und setzen an allen vier Fingern getrennt an. Diese beiden Muskeln strecken sowohl die Hand im Handgelenk als auch die Finger. Der nahe der Speiche liegende vierte Muskel der Gruppe, der kurze radiale Handstrecker *(m. extensor carpi radialis brevis),* setzt mit seiner Sehne am Mittelhandknochen des Mittelfingers an. In erster Linie ist er ein Handstrecker; aber zusammen mit den zwei Muskeln, die zum Daumen hinziehen, und dem vorderen Muskel der inneren Gruppe

beugt er die Hand in Richtung auf die Speiche hin. Daß wir bei Streckung der Hand und Finger nicht viel Kraft ausüben können, wird uns verständlich, wenn wir sehen, um wieviel weniger massig und kräftig die Streckmuskeln im Vergleich zu den an der Innenseite des Unterarmes liegenden Beugemuskeln ausgebildet sind. Äußerlich bilden alle Streckmuskeln zusammen ein einheitliches Ganzes. Nur bei mageren Menschen kann man bei Fingerbewegungen die einzelnen Streckmuskeln am Arm und ihre Sehnen auf dem Handrücken verfolgen.

Die restlichen zwei Muskeln dieser äußeren Gruppe des Unterarms entspringen am Knochenkamm, der sich oberhalb des *Epicondylus* des Oberarmbeins befindet. Der lange Handstrecker des Unterarms *(m. extensor carpi radialis longus)* entspringt direkt oberhalb des *Epicondylus.* Der Muskel zieht abwärts, dann dreht er sich von der äußeren zur Vorderseite des Armes und endet in einer langen Sehne, die am Mittelhandknochen des Zeigefingers ansetzt. Dieser Muskel ist an der Streckung der Hand beteiligt. Der Oberarm-Speichenmuskel *(m. brachioradialis)* entspringt am Knochenkamm oberhalb des *Epicondylus.* Sein Bauch verläuft neben und dreht sich um den langen Handstrecker des Unterarms *(m. extensor carpi radialis longus),* und seine Sehne setzt an der Innenseite des Speichenschaftes an. Durch die von ihm verursachte Drehung der Speiche wird die Handfläche nach vorn gekehrt. Diese beiden Muskeln bilden eine einzige Masse, die zwischen der Vorder- und der Hintergruppe der Oberarmmuskeln entspringt und dort am dicksten ist, wo sie das Ellbogengelenk überspannt. Ihre Hauptmasse liegt also oberhalb und getrennt von den Muskeln, die am *Epicondylus* entspringen. Indem sie abwärts zieht, wird diese Masse schlanker und paßt sich der allgemeinen Form des Unterarms an. Da diese Muskeln am Gelenk am dicksten sind, werden sie gestaucht, wenn der Ellbogen gebeugt wird, und treten dabei als seitlich herausgepreßte Masse in Erscheinung.

Die beiden kleinen auf den Daumen einwirkenden Muskeln, die in den Bildtafeln erscheinen, sind der lange Daumenabzieher *(m. abductor pollicis longus)* oben und der kurze Daumenstrecker *(m. extensor pollicis brevis)* darunter. Beide haben ihren Ursprung in tiefliegenden Schichten des Unterarms, ziehen schräg abwärts und winden sich dabei um die Vorderseite und den unteren Teil des Unterarms, wobei sie parallel zu den zwei Muskeln verlaufen, die um den Ellbogen gewunden sind. Der lange Daumenabzieher *(m. abductor pollicis longus)* entspringt am Ellen- und am Speichenschaft und setzt mit seiner Sehne am Mittelhandknochen des Daumens an. Er bewirkt das Abspreizen des Daumens. Der kurze Daumenstrecker *(m. extensor pollicis brevis)* entspringt am Speichenschaft und zieht zum Grundglied des Daumens. Mit seiner Hilfe wird der Daumen gestreckt und erhoben. Diese beiden kleinen Muskeln treten äußerlich kaum in Erscheinung.

Ein dritter Muskel, der lange Daumenstrecker *(m. extensor pollicis longus)* hilft ebenfalls mit, den Daumen zu strecken. Er entspringt an der Elle, und sein Muskelbauch befindet sich tief im Unterarm. Seine Sehne verläuft jedoch oberflächlich. Sie ist deutlich als diagonaler Wulst erkennbar, der sich vom Handgelenk zum Endglied des Daumens erstreckt. Da dieser Muskel nirgends an die Körperoberfläche herankommt, zeigen die Bildtafeln nur den Verlauf seiner Sehne.

Die innere Gruppe der Unterarmmuskeln besteht aus fünf oberflächlich gelegenen Muskeln, einer davon ist der *flexor digitorum sublimis* genannte Fingerbeuger. Er entspringt an zwei getrennten Stellen, vom inneren *Epicondylus* des Oberarmbeins sowie von der Elle und der Speiche. Von seinen äußeren Fasern ziehen sich zwei Sehnen zu den Gliedern des Mittel- und Ringfingers, während zwei Sehnen von seinen inneren Fasern zu den Gliedern des Zeige- und des kleinen Fingers verlaufen. (In den Bildtafeln des Armes sind diese letzteren beiden Sehnen nicht eingezeichnet.) Obgleich dieser Muskel der größte der inneren Gruppe ist und auch die Hauptmasse des Muskelfleisches an der Innenseite des Unterarms von ihm gebildet wird, hat er doch keinen starken Einfluß auf die Oberflächenform, da er von den anderen Muskeln der inneren Gruppe überlagert wird. Er ist ein Fingerbeuger, der die Schließung der Hand mitbewirkt.

Die vier oberflächlichen Muskeln der inneren Gruppe, die sämtlich vom inneren *Epicondylus* des Oberarms ausgehen, sind der *m. flexor carpi ulnaris,* der lange Hohlhandmuskel *(m. palmaris longus),* der *m. flexor carpi radialis* und der runde Einwärtsdreher *(m. pronator teres).* Der ulnare Handbeuger *(m. flexor carpi ulnaris)* ist der der Elle benachbarte hintere Muskel dieser Gruppe. Er hat einen dicken und langen Muskelbauch, und einige seiner Fasern reichen bis fast ans Handgelenk. Seine dicke, hervortretende Sehne setzt an der Handwurzel dort an, wo das Erbsenbein äußerlich an der Kleinfingerseite der Handfläche deutlich hervortritt. In erster Linie ist dieser Muskel ein Handbeuger, zusammen mit den hinteren Muskeln der äußeren Gruppe bewirkt er jedoch auch eine Seitwärtsbeugung der Hand in Richtung auf die Elle hin. Der nächste Muskel dieser Gruppe ist der lange Hohlhandmuskel *(m. palmaris longus).* Seine Muskelfasern sind kurz, aber seine Sehne ist lang. Sie verläuft über das Handgelenk in die Handfläche, wo sie in die flächige Sehne der Hohlhand, die die Handflächenmuskeln überdeckt, fächerförmig übergeht. (Diese flächige Sehne ist in den Bildtafeln weggelassen worden.) An der Innenseite des Armes, gleich oberhalb des Handgelenks, ist die Sehne des langen Hohlhandmuskels gut zu sehen. Der Muskel beugt die Hand im Handgelenk.

Der radiale Handbeugemuskel *(m. flexor carpi radialis)* verläuft parallel zu den beiden oben besprochenen Muskeln. Seine Sehne ist die zweite der an der Innenseite des Unterarms sichtbaren starken Sehnen. Sie setzt am Mittelhandknochen des Zeigefingers an. Dieser Muskel beugt die Hand im Handgelenk. Zusammen mit dem langen Muskel an der Vorderseite der Streckergruppe und den beiden Daumenmuskeln beugt er die Hand auch nach der Speichenseite hin.

Der vierte der Oberflächenmuskeln der inneren Gruppe, der gleichzeitig am weitesten vorn liegt, ist der runde Einwärtsdreher *(m. pronator teres).* Er entspringt in der allen gemeinsamen Sehne am *Epicondylus* des Oberarmbeins, zieht dann aber diagonal vorwärts. Er verläuft nur über eine kurze Strecke an der Oberfläche, zieht dann unter der äußeren Muskelgruppe hindurch und setzt tief innen im Unterarm am Speichenschaft an. Er dreht den Unterarm einwärts, so daß die Handfläche nach hinten weist. Die vier oberflächlichen Muskeln der inneren Gruppe sind äußerlich kaum zu unterscheiden, sondern bilden eine einheitliche Masse. Doch ist diese Muskelmasse häufig durch einen Faserzug diagonal unterteilt. Dieser als Furche sichtbare Faserzug ist der *lacertus fibrosus,* eine Verlängerung der Sehne des Bizeps, die mit der den Arm überziehenden *Faszie* verschmilzt und auf den Muskel einschnürend wirkt.

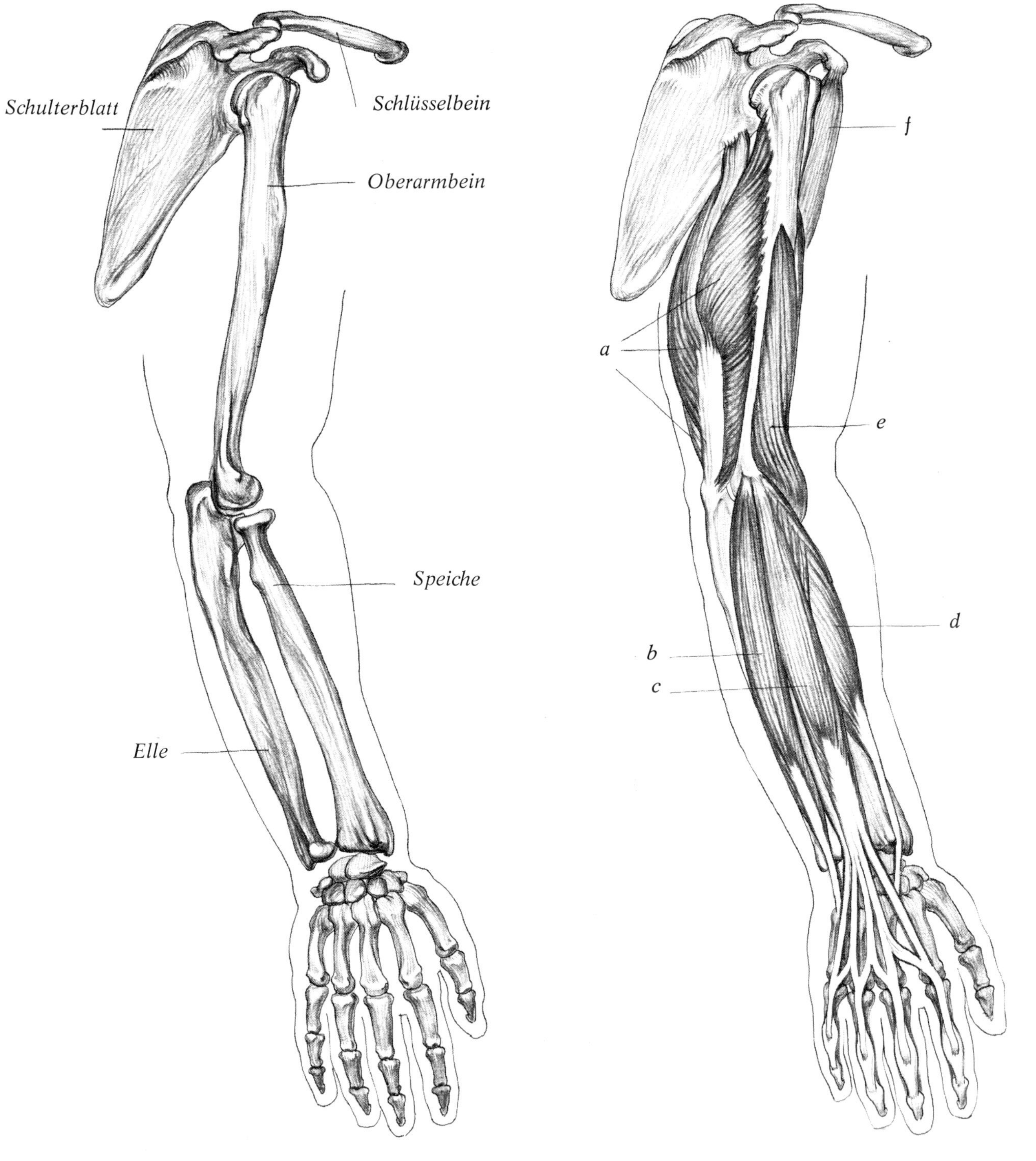

a *triceps brachii*
b *extensor carpi ulnaris*
c *extensor digitorum communis und extensor digiti quinti proprius*
d *extensor carpi radialis brevis*
e *brachialis*
f *coracobrachialis*

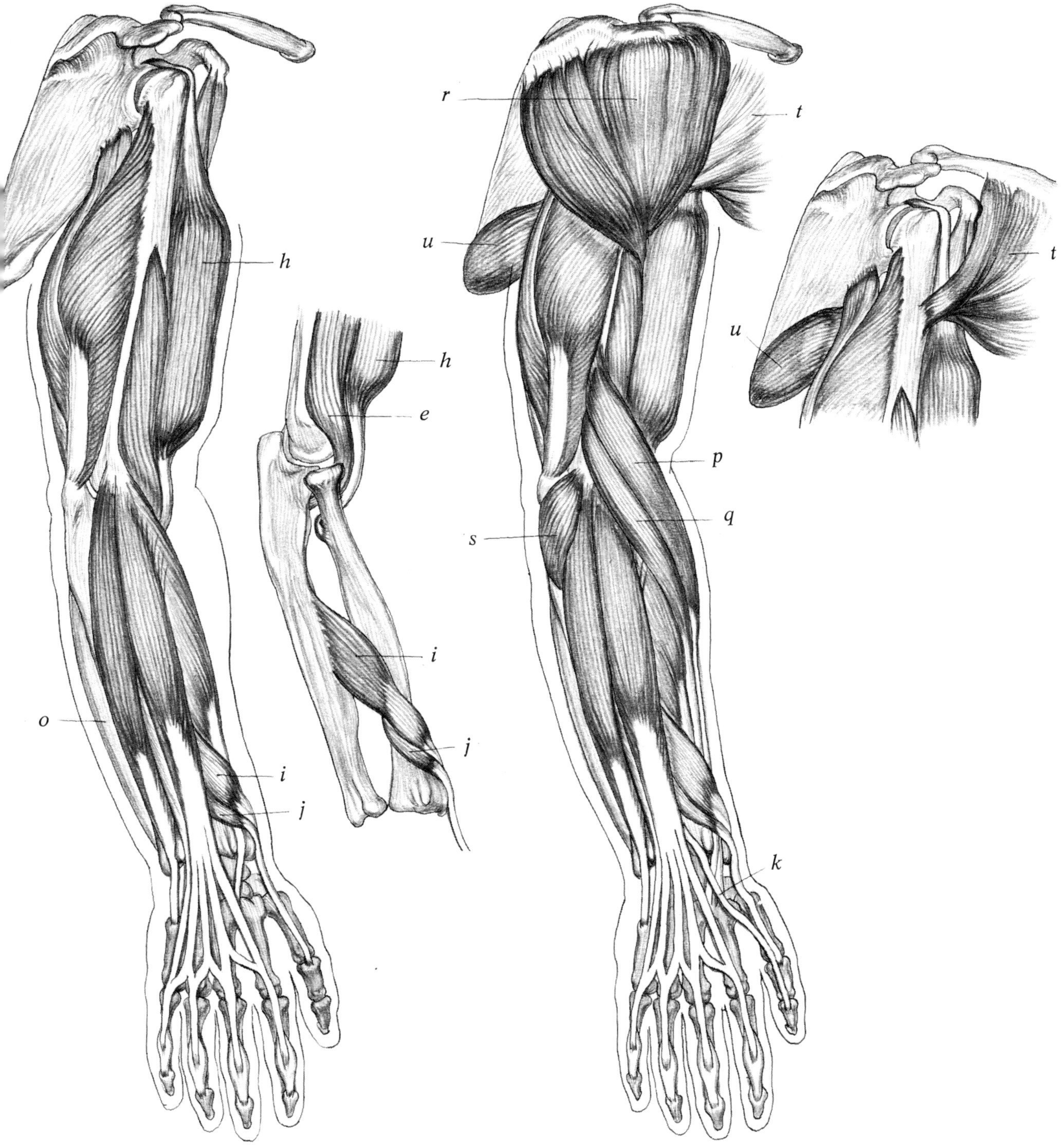

h *biceps brachii*
i *abductor pollicis longus*
j *extensor pollicis brevis*
o *flexor carpi ulnaris*
e *brachialis*
k *Sehne des extensor pollicis longus, eines tiefliegenden Muskels, der auf den Bildtafeln nicht erscheint*

p *brachioradialis*
q *extensor carpi radialis longus*
r *deltoideus*
s *anconaeus*
t *pectoralis maior (siehe Bildtafeln des Rumpfes)*
u *teres maior (siehe Bildtafeln des Rumpfes)*

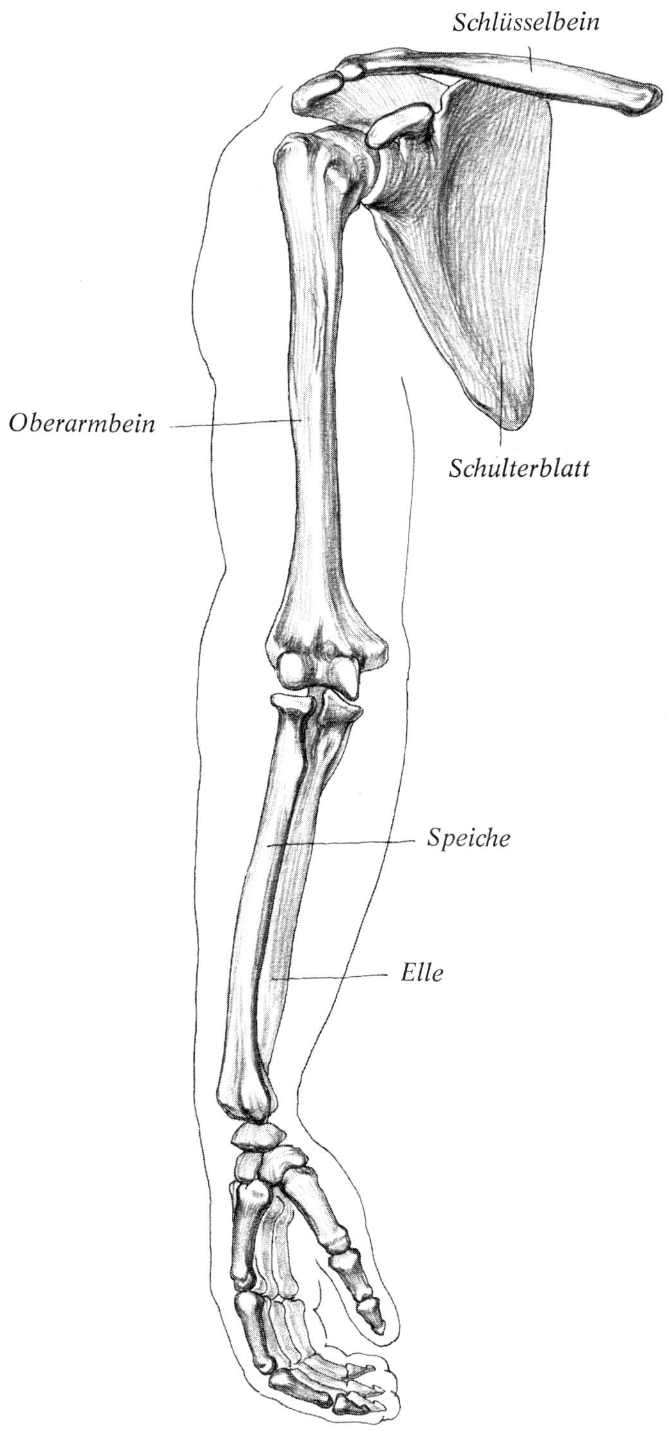

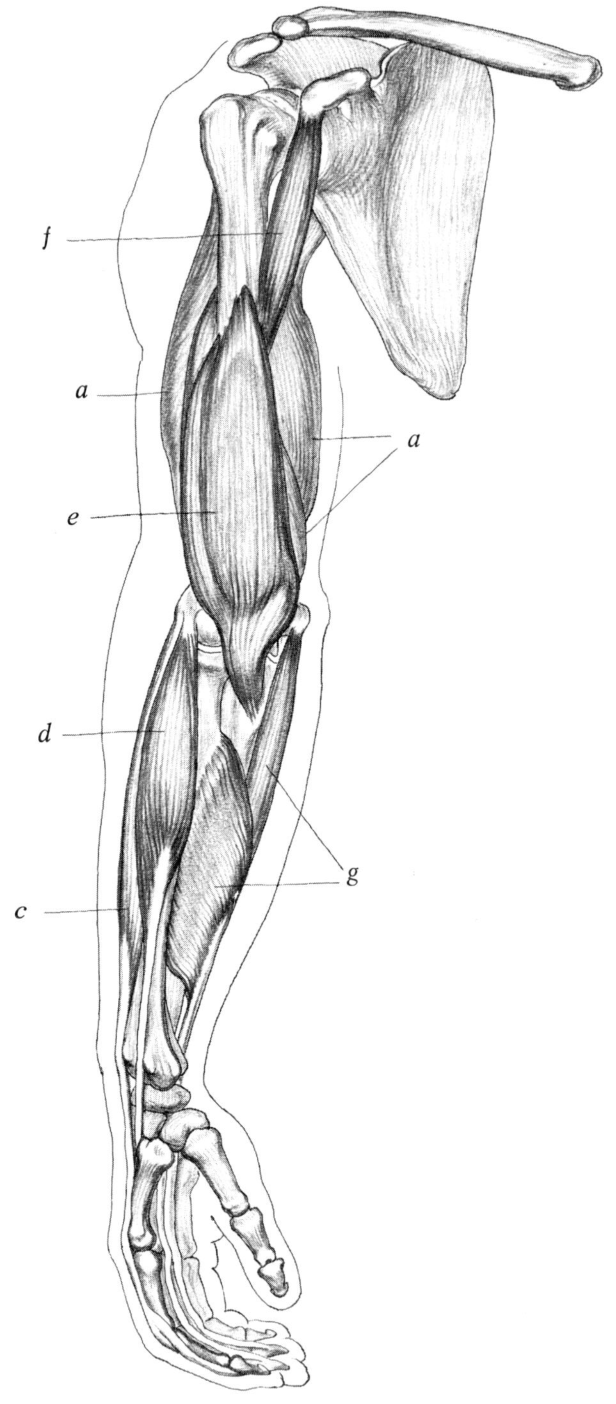

a *triceps brachii*
c *extensor digitorum communis*
d *extensor carpi radialis brevis*
e *brachialis*
f *coracobrachialis*
g *flexor digitorum sublimis*

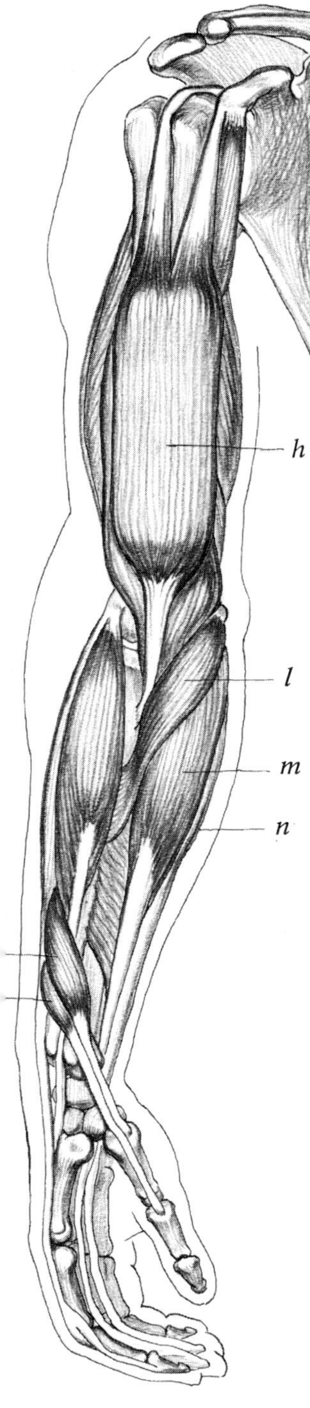

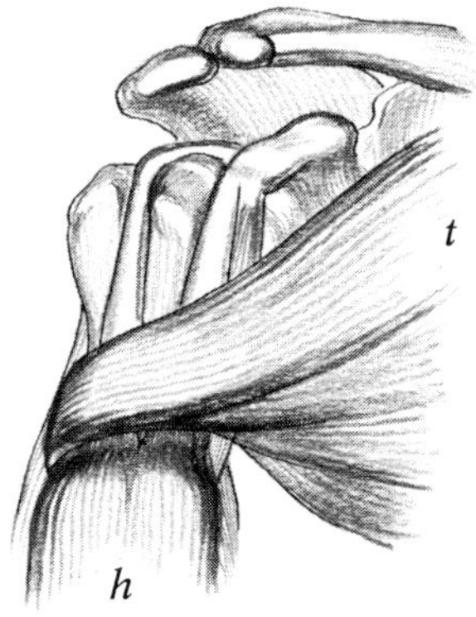

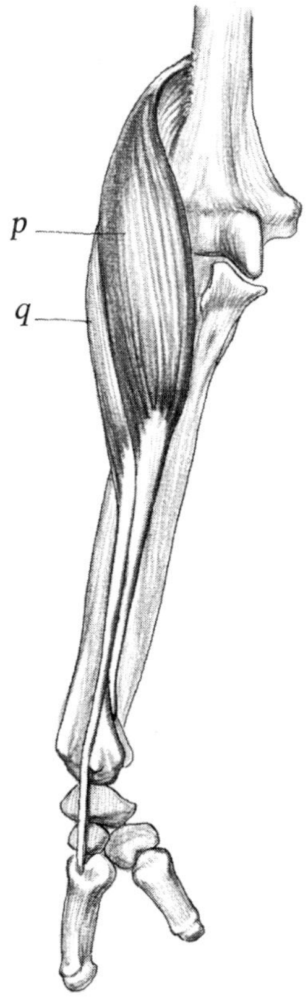

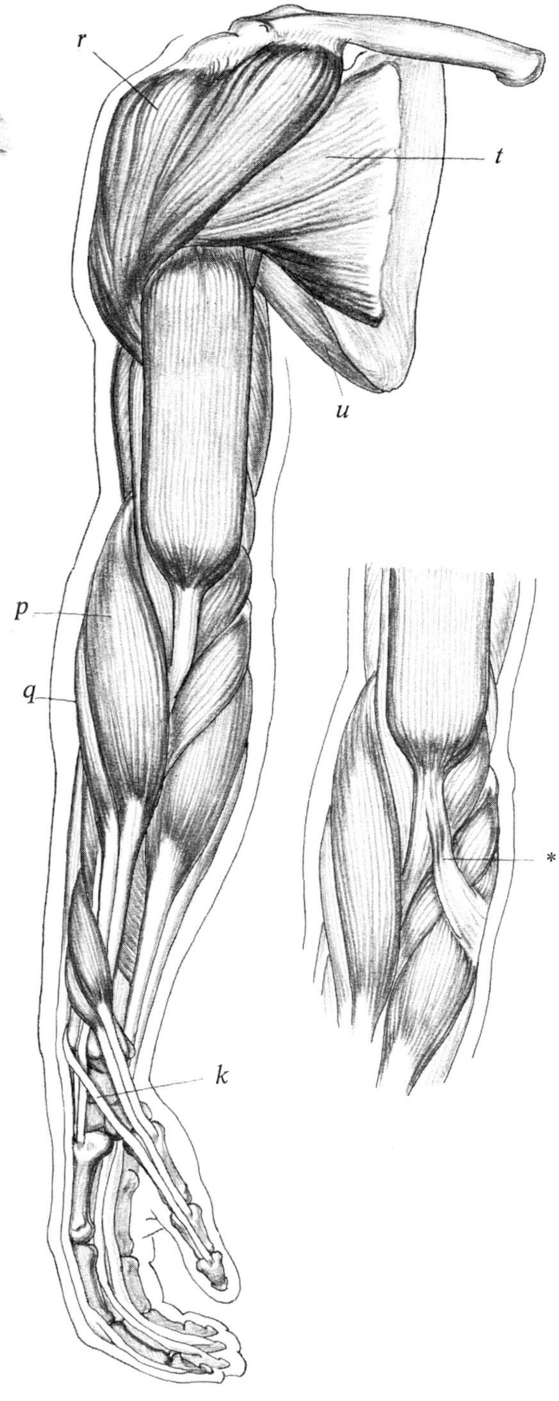

h *biceps brachii*
i *abductor pollicis longus*
j *extensor pollicis brevis*
k *Sehne des extensor pollicis longus, eines tiefliegenden Muskels, der nicht zu sehen ist*
l *pronator teres*
m *flexor carpi radialis*
n *palmaris longus*
p *brachioradialis*
q *extensor carpi radialis longus*
r *deltoideus*
t *pectoralis maior (siehe Bildtafeln des Rumpfes)*
u *teres maior (siehe Bildtafeln des Rumpfes)*
* *lacertus fibrosus*

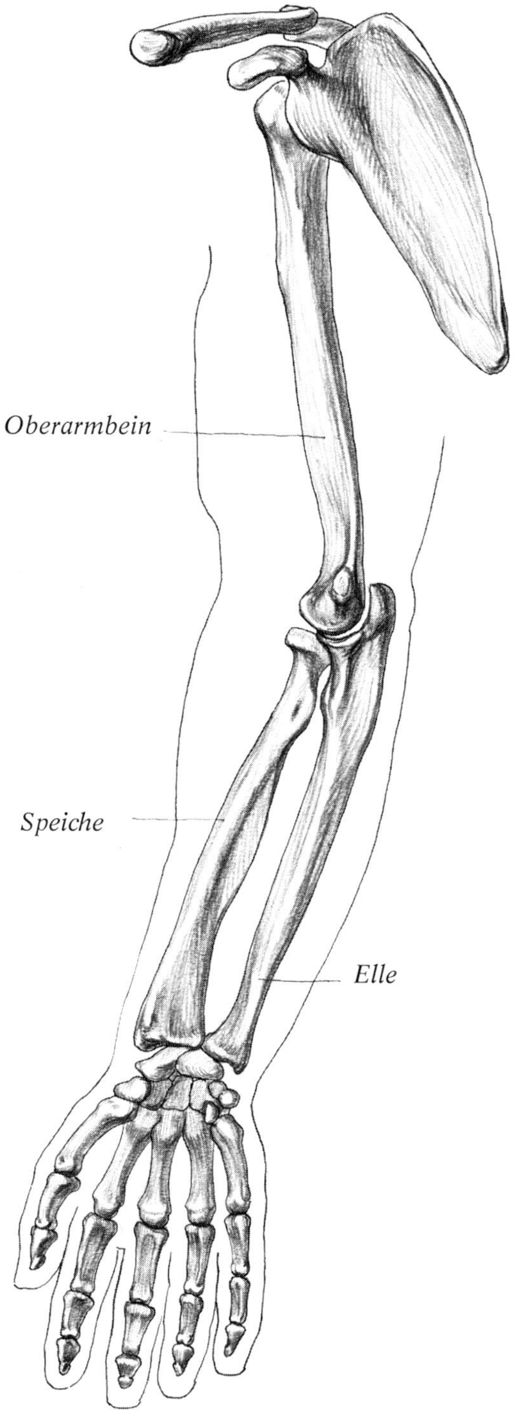

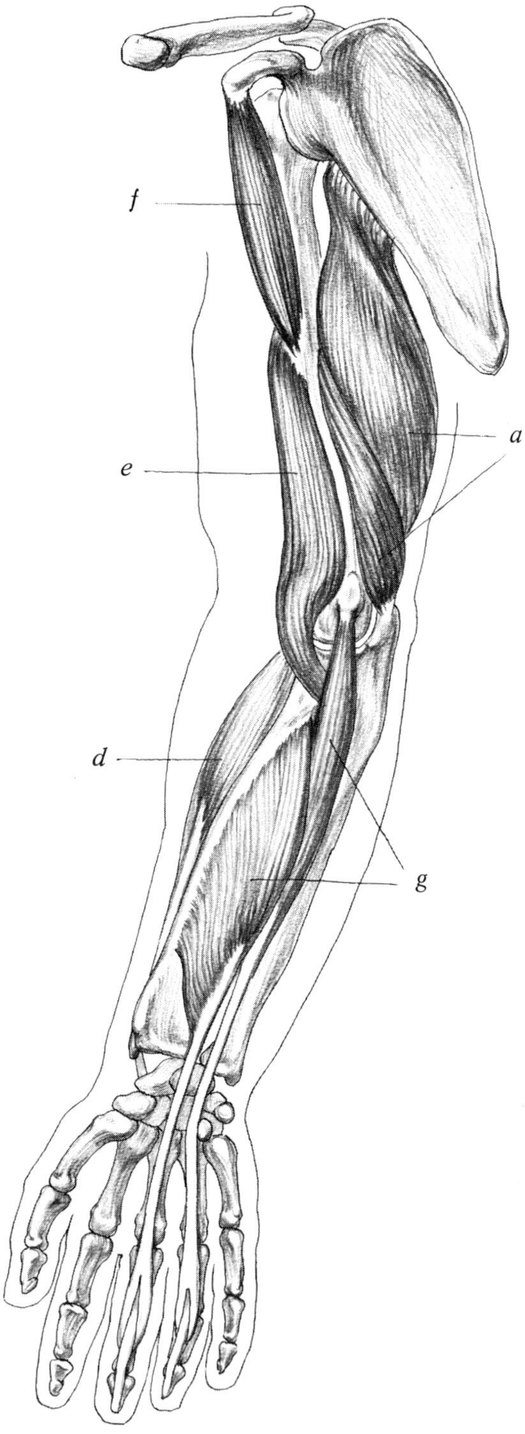

a *triceps brachii*
d *extensor carpi radialis brevis*
e *brachialis*
f *coracobrachialis*
g *flexor digitorum sublimis, von dessen tiefliegenden Fasern noch zwei, hier nicht gezeigte Sehnen zum Zeigefinger und zum kleinen Finger ziehen*

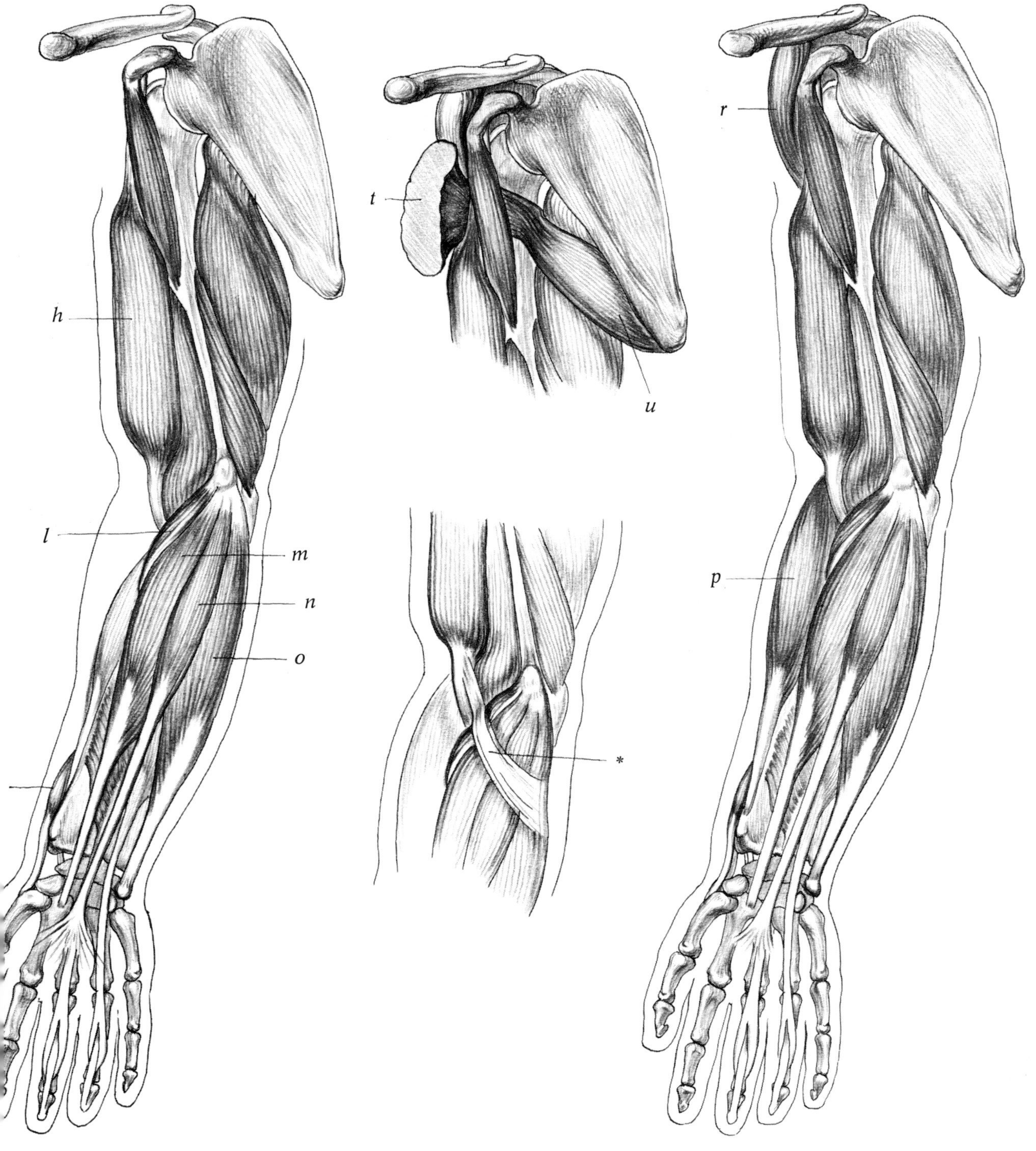

h *biceps brachii*
i *abductor pollicis longus*
l *pronator teres*
m *flexor carpi radialis*
n *palmaris longus, dessen Sehne sich zu einer Aponeurose erweitert, die hier nicht gezeigt ist, und bis zum Grundglied eines jeden Fingers geht*
o *flexor carpi ulnaris*
p *brachioradialis*
r *deltoideus*
t *pectoralis maior (siehe Bildtafeln des Rumpfes)*
u *teres maior (siehe Bildtafeln des Rumpfes)*
* *lacertus fibrosus*

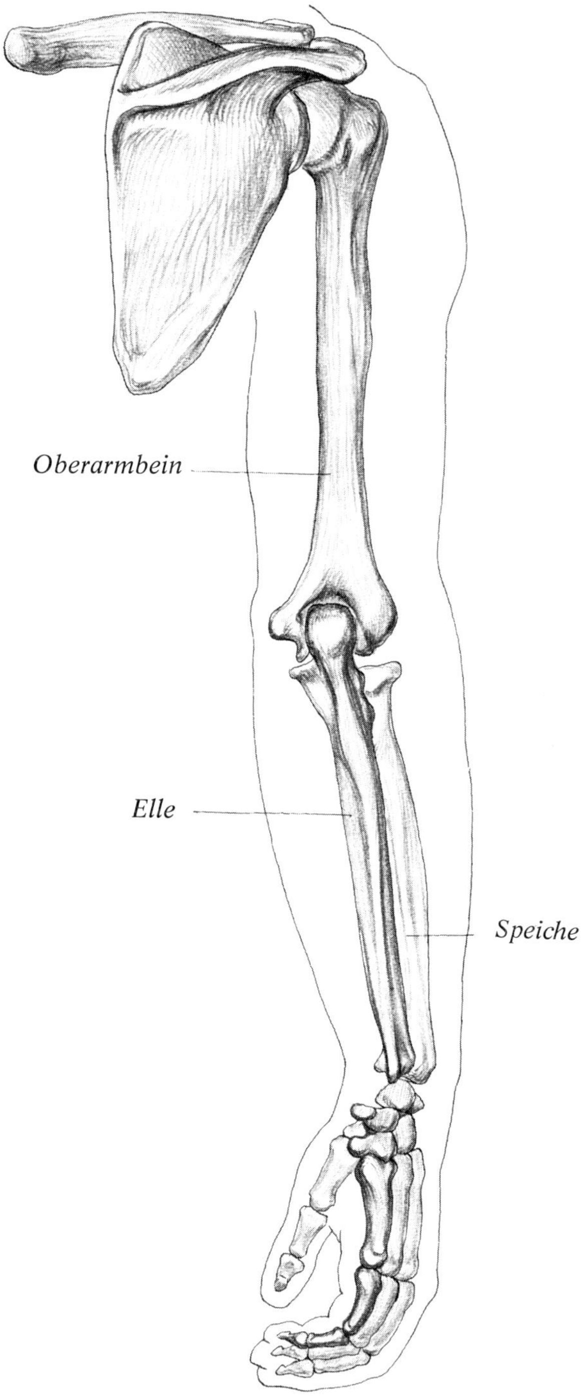

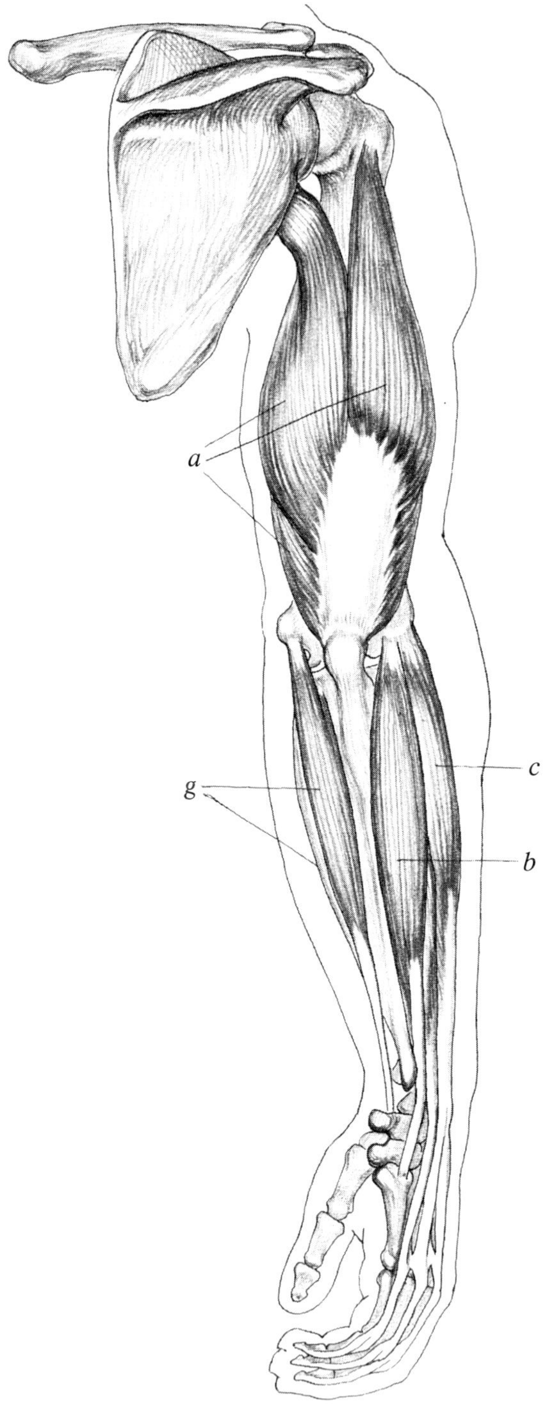

a *triceps brachii*
b *extensor carpi ulnaris*
c *extensor digitorum communis und extensor digiti quinti proprius*
g *flexor digitorum sublimis*

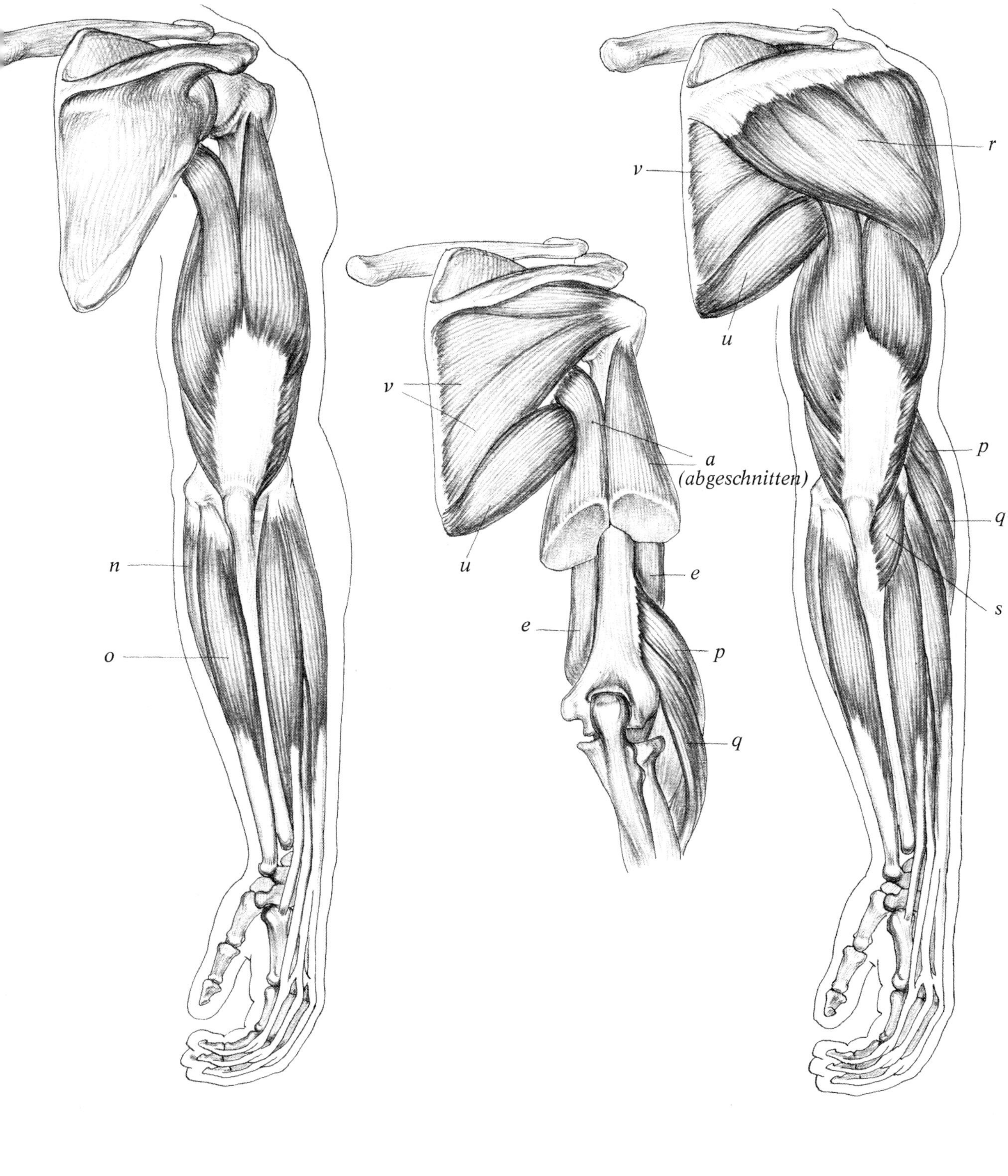

n *palmaris longus*
o *flexor carpi ulnaris*
a *triceps brachii*
e *brachialis*
p *brachioradialis*
q *extensor carpi radialis longus*
r *deltoideus*
s *anconaeus*
u *teres maior (siehe Bildtafeln des Rumpfes)*
v *infraspinatus (siehe Bildtafeln des Rumpfes)*

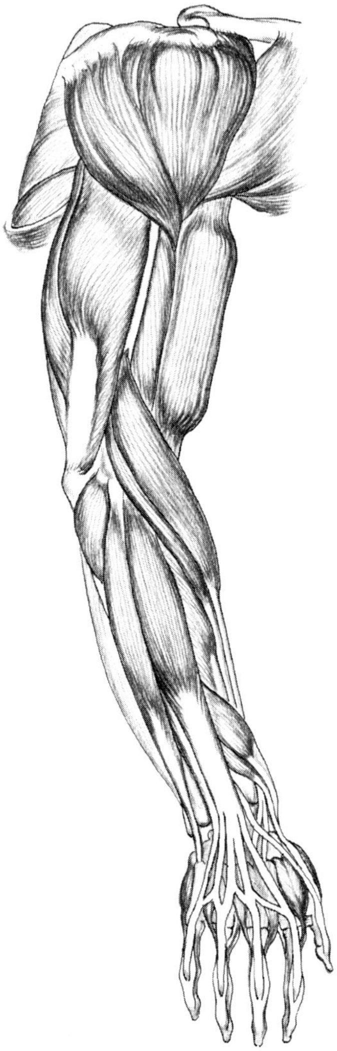

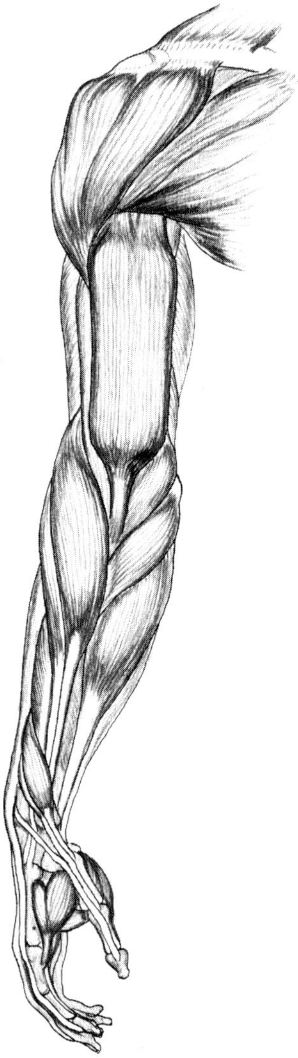

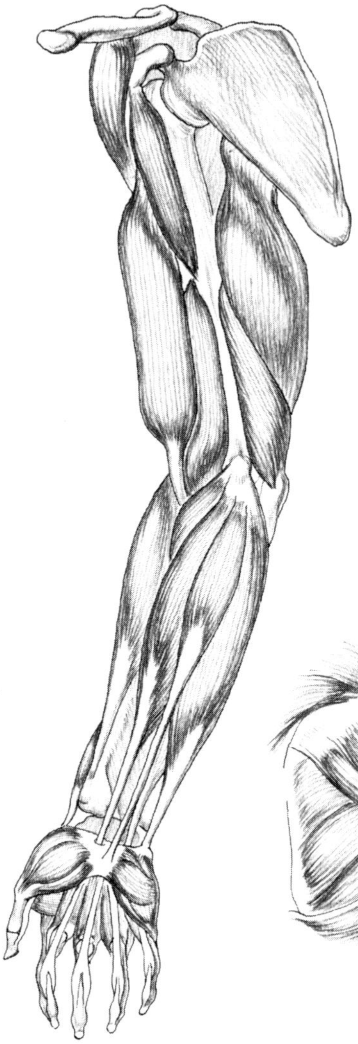

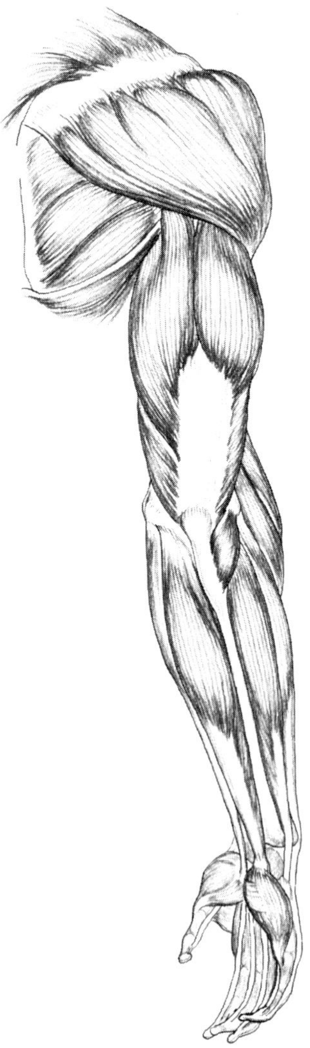

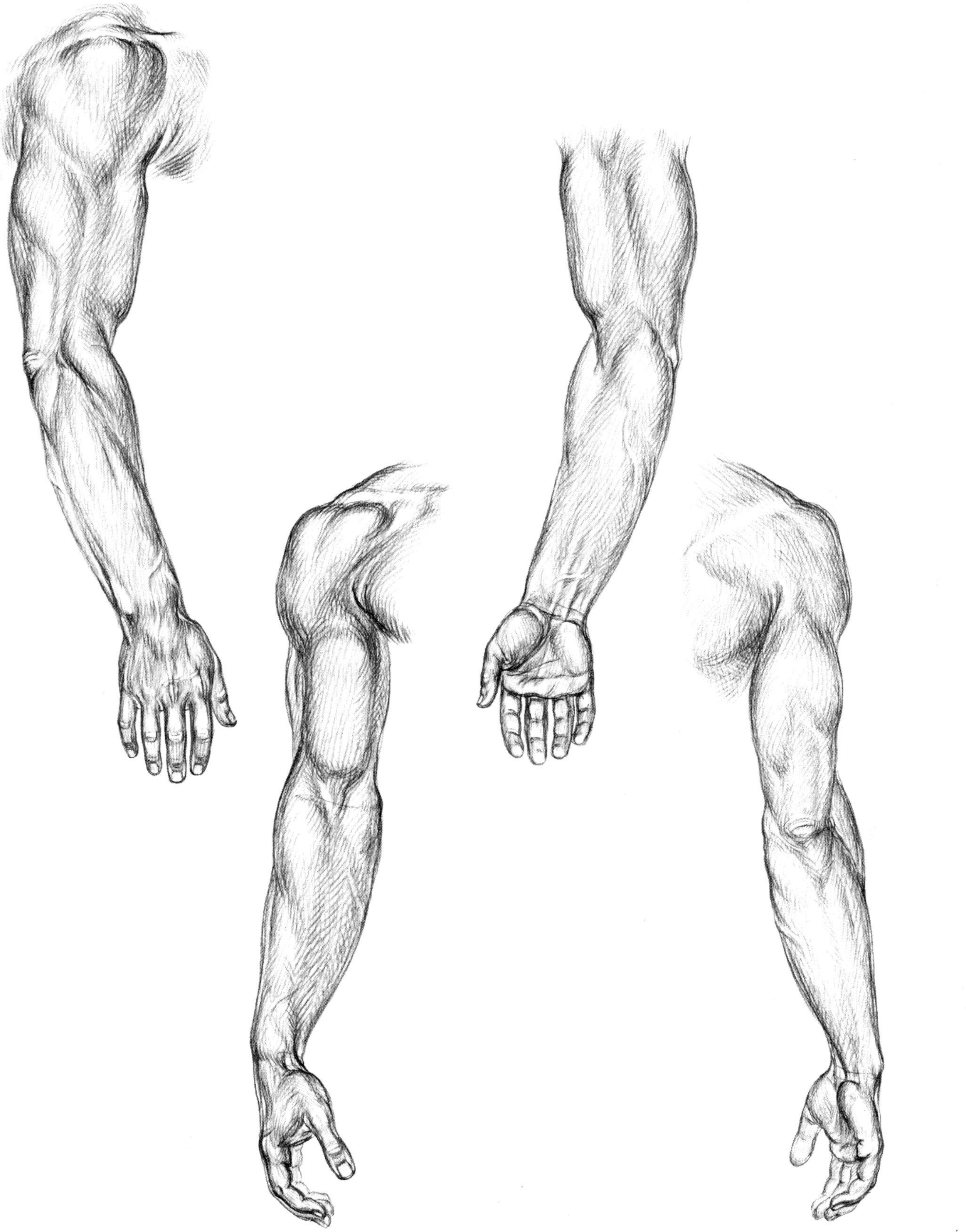

Die Bewegungen der Schulter

Das Schultergelenk ist ein Kugelgelenk, das sich in jeder Richtung bewegen läßt und auch erlaubt, daß der Arm um seine eigene Achse rotieren kann. Bewegungen des Armes nach vorn, rückwärts und aufwärts werden durch die im Schultergürtel möglichen Bewegungen wesentlich unterstützt.

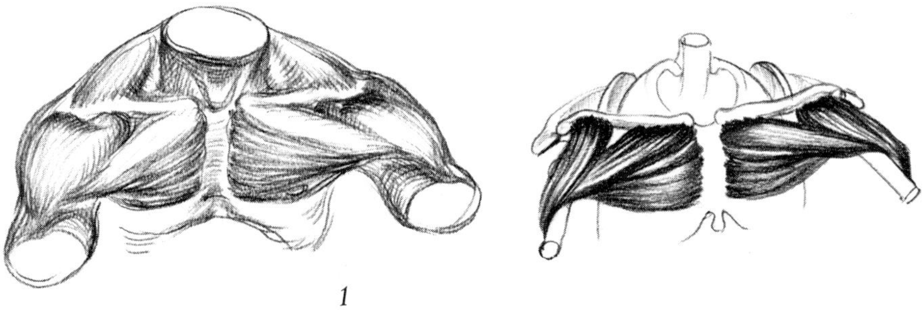

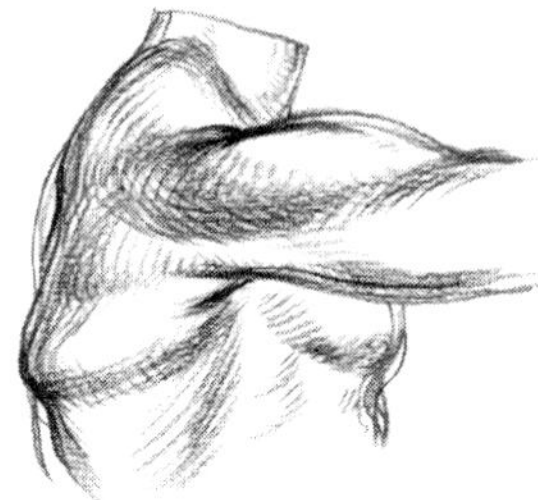

1

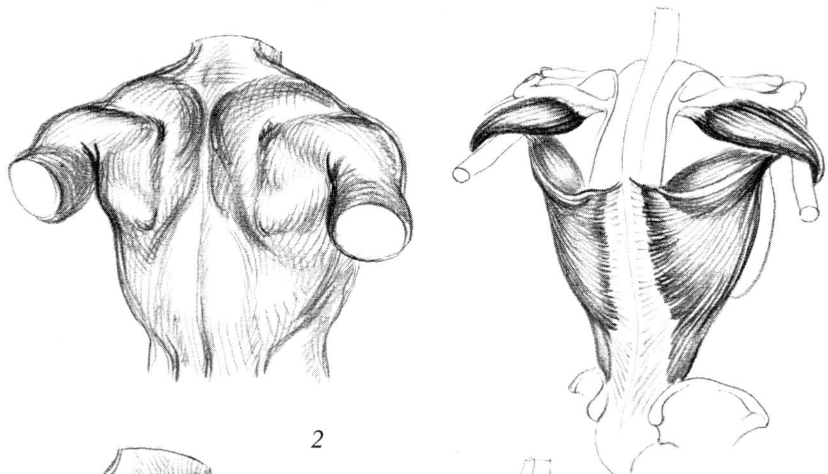

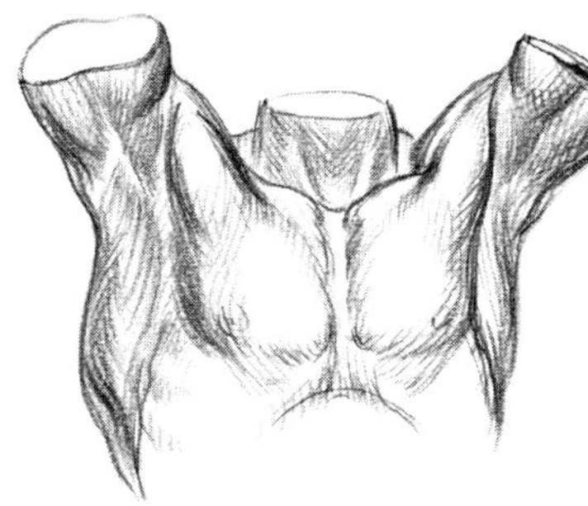

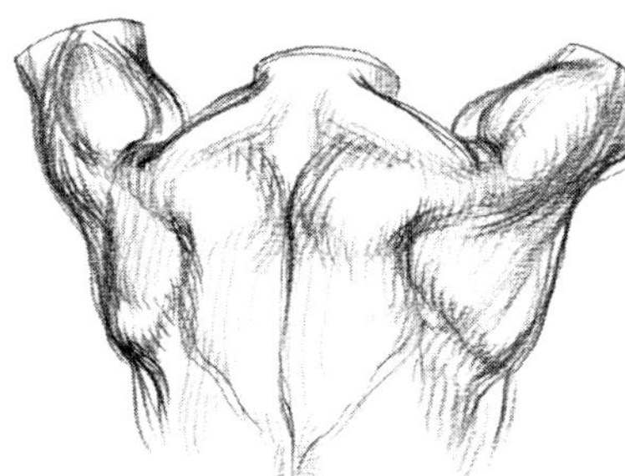

2

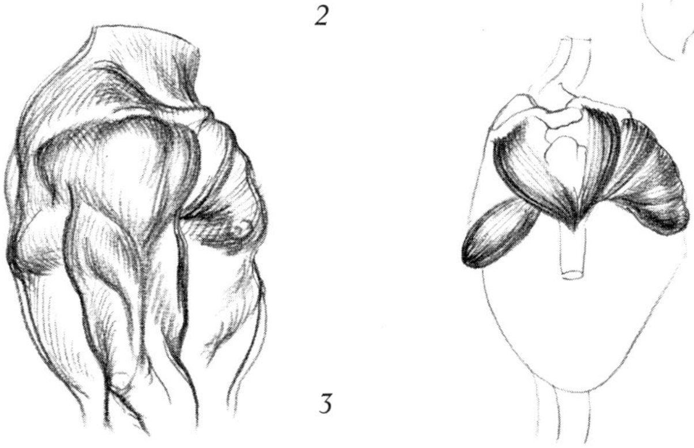

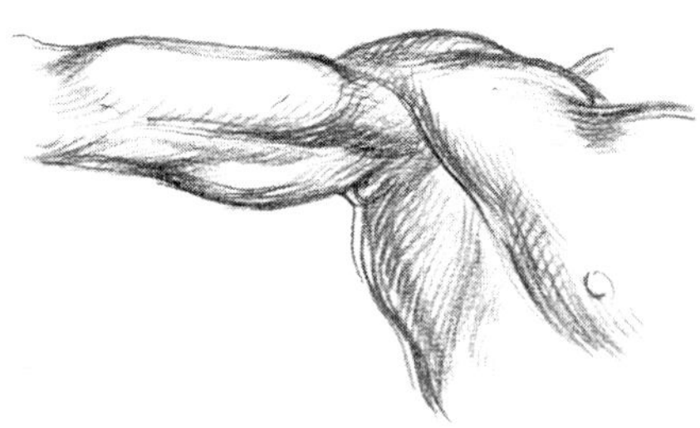

3

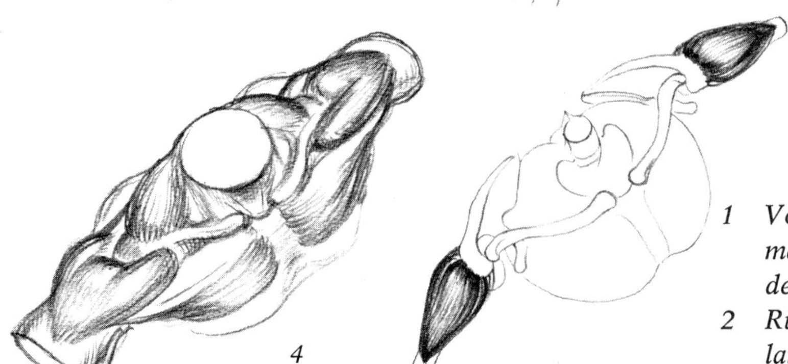

4

1 *Vorwärtsheben (Antoversion): pectoralis maior und die vorderen Fasern des deltoideus*
2 *Rückwärtsheben (Retroversion): teres maior, latissimus dorsi und die hinteren Fasern des deltoideus*
3 *Heranziehen: pectoralis maior, teres maior und die vorderen und hinteren Fasern des deltoideus*
4 *Wegstrecken: Mittelfasern des deltoideus*

Die Bewegungen des Ellbogens

Das Oberarm-Ellen-Gelenk ist ein Scharniergelenk, in dem der Unterarm vorwärts (Beugung) und rückwärts (Streckung) bewegt wird.

Die Drehung des Unterarms *(Supination, Pronation)* wird durch das Herumführen der Speiche um die Elle hervorgerufen. Diese Bewegung ist somit also keine Folge von Bewegungen im Oberarm-Ellen-Gelenk.

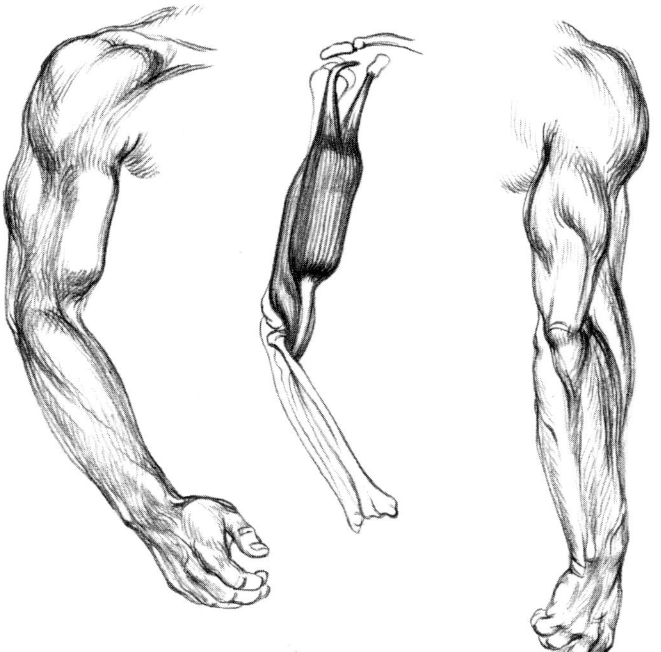

1

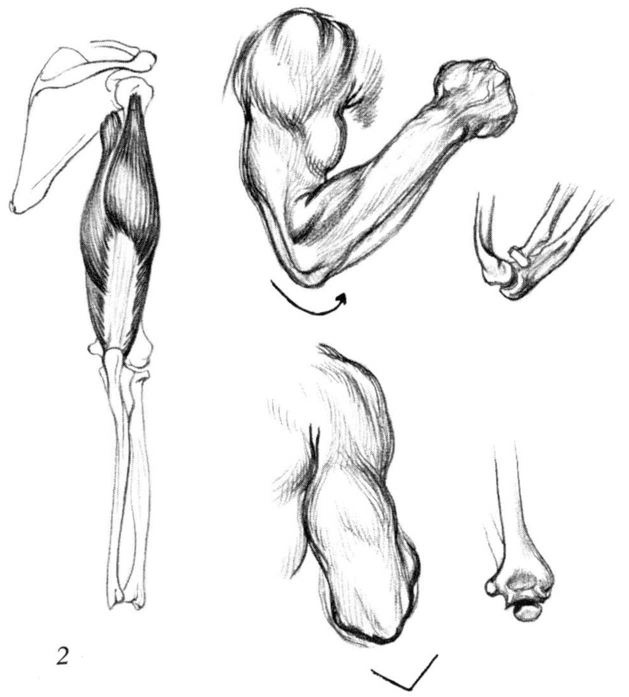

2

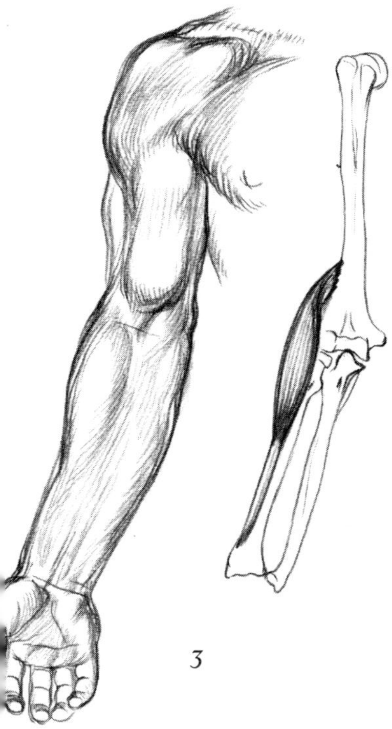

3

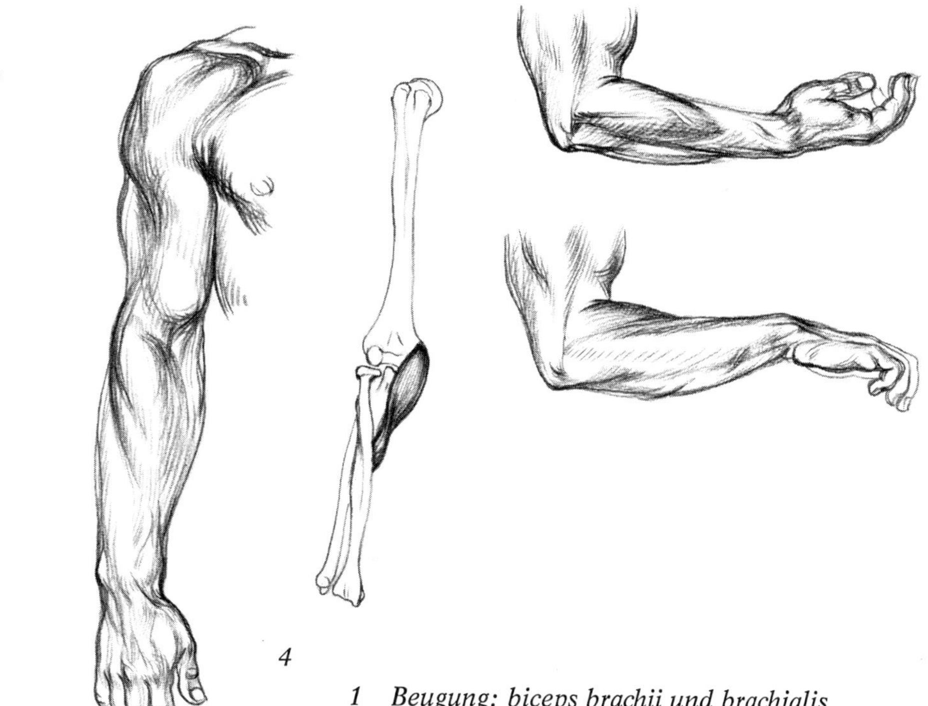

4

1 *Beugung: biceps brachii und brachialis*
2 *Streckung: triceps*
3 *Supination (Handfläche nach vorn): brachioradialis*
4 *Pronation (Handfläche nach hinten): pronator teres*

Die Bewegungen des Handgelenks

Das Handgelenk ist ein Eigelenk, das außer der *Rotation* alle Bewegungen ermöglicht. Beugung und Streckung sind freie Bewegungen um eine Achse wie bei einem echten Scharniergelenk. Vergleichsweise ist die Bewegung gegen die Elle und gegen die Speiche hin wesentlich eingeschränkt.

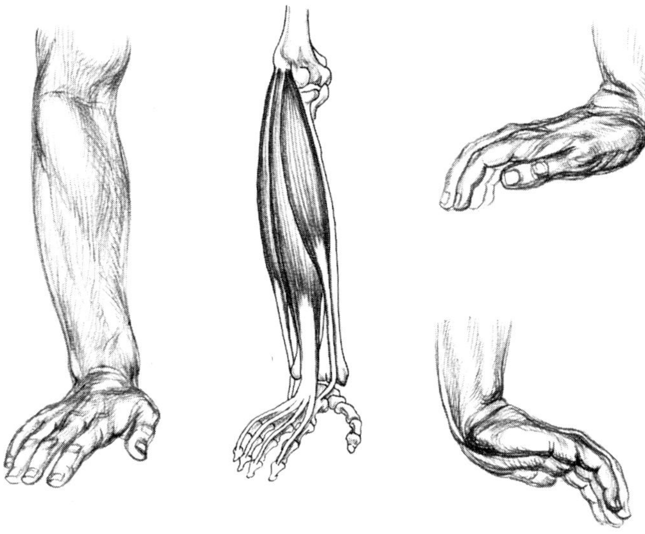

Streckung: extensor carpi radialis brevis, extensor digitorum communis und extensor carpi ulnaris

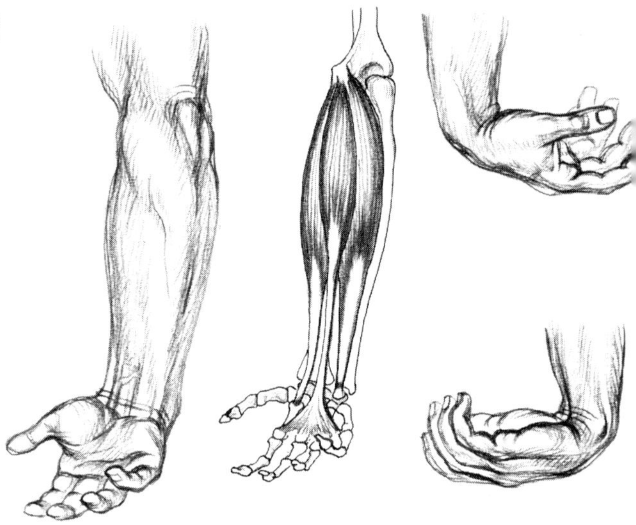

Beugung: flexor carpi radialis, palmaris longus und flexor carpi ulnaris

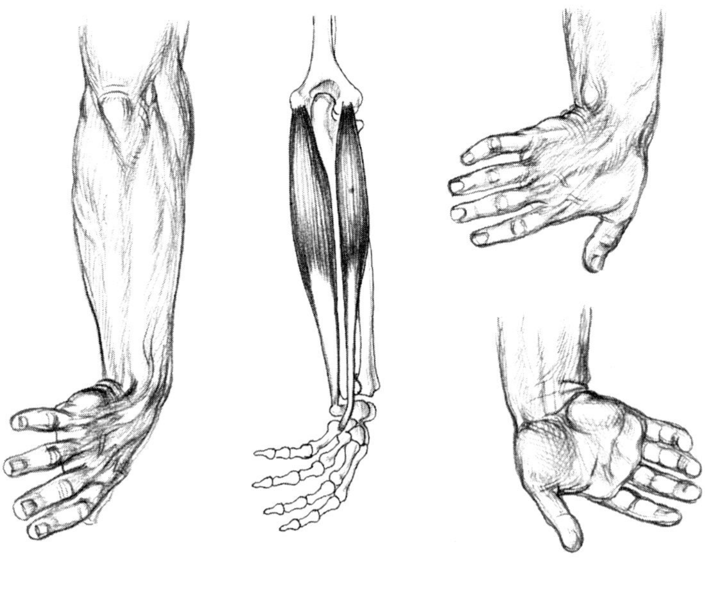

Beugung zur Elle hin: extensor carpi ulnaris und flexor carpi ulnaris

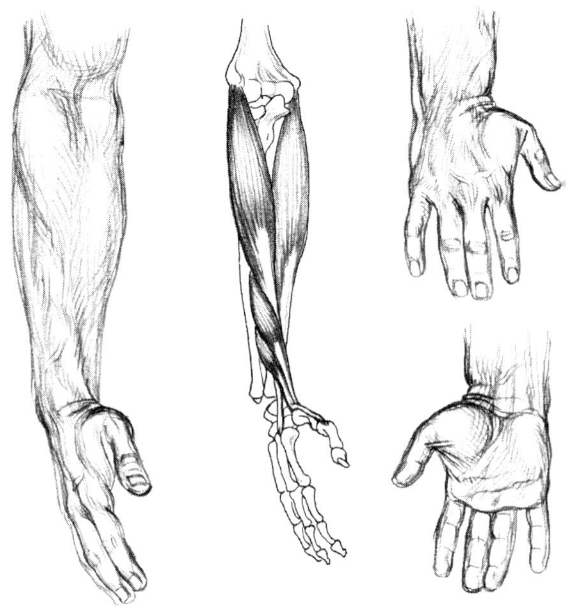

Beugung zur Speiche hin: abductor pollicis longus, extensor pollicis brevis, extensor carpi radialis brevis und flexor carpi radialis

Die Hand

Die Hand ist eines der kompliziertesten Gebilde des menschlichen Körpers, soll sie doch zugleich sehr kraftvoll und sehr beweglich sein. Um sie mit Verständnis zu zeichnen, bedarf es eines gründlichen Studiums ihres Baues, denn die Handknochen sind klein und zeichnen sich nur am Handrücken ab. Die Knochen der Hohlhand liegen unmittelbar unter der Haut des Handrückens, die Muskeln zwischen den Knochen und der Oberfläche der Hohlhand. Sie sind an der Innenfläche der Hand von einer schützenden Gewebeschicht überdeckt. Dieses fasrige Polster ist in die *Faszie* eingebettet, und seine Form ist unabhängig vom eigentlichen Bau der Hand, wenn auch die tiefen Furchen darin ungefähr anzeigen, wo Gelenke vorhanden sind.

Die Knochen der Hand

Die Handknochen werden in drei Gruppen eingeteilt: die Handwurzel-, die Mittelhand- und die Fingerknochen.
Es gibt 7 Handwurzelknochen und ein Sesambein, die in zwei Reihen zu je vier Knochen angeordnet sind. Diese kleinen, unregelmäßig geformten Knochen bilden einen dicht schließenden, nach der Handflächenseite offenen Bogen. Ein quer verlaufendes, starkes Band überspannt diesen Knochenbogen. In dem so entstandenen Tunnel verlaufen die Sehnen der Beugemuskeln vom Unterarm zur Hand. Die drei Handwurzelknochen der oberen Reihe bilden zusammen eine glatte, längliche, konvexe Oberfläche, die mit der Höhlung am unteren Ende der Speiche ein Gelenk bildet. Die Form dieses Gelenks gestattet ausgedehnte Bewegungen des Handgelenks nach innen und außen, aber nur eine eingeschränkte Vor- und Rückwärtsbewegung. Der vierte Knochen, das Sesambein, bildet einen Vorsprung an der Innenseite der Hand unterhalb der Elle. Die Knochen der oberen Reihe sind durch Bänder fest verbunden und lassen sich nur durch äußeren Druck gegeneinander verschieben. Eine gewisse eingeschränkte Bewegung ist jedoch zwischen der oberen und der darunter liegenden, ebenfalls fest verbundenen Reihe von Handwurzelknochen möglich.
Die fünf Mittelhandknochen – die eigentlichen Handknochen – schließen sich an den Knochenbogen an, der durch die Reihe der vier unteren Handwurzelknochen gebildet wird. Sie sind daher auch bogenförmig angeordnet. Die vier Mittelhandknochen, die sich zu den vier langen Fingern erstrecken, sind mit dem Bogen der Handwurzelknochen durch Gelenke verbunden, die für den Zeige- und Mittelfinger starr sind und nur minimal beweglich für den Ring- und den kleinen Finger. Ihre freien Enden werden durch ein System von schrägen Bändern in der richtigen Lage zueinander gehalten. Der Mittelhandknochen des Daumens ist, im Gegensatz zu allen anderen, durch ein Gelenk mit der Handwurzel verbunden, das eine sehr große Bewegungsfreiheit besitzt. Die Bewegungen in diesem Gelenk werden durch Muskeln hervorgerufen, die den Daumen jedem einzelnen der übrigen Finger gegenüberzustellen und ihn auf die Handfläche zu beugen vermögen.
Jeder Mittelhandknochen bildet mit dem dazugehörigen Finger ein Gelenk, in dem die glatte runde Oberfläche seines Knochenköpfchens in der Ge-

lenkpfanne am ersten Knochen des Fingers gleitet. Diese Gelenke verbinden die Finger mit der Hand. Sie erlauben das Beugen in der Bewegung des Greifens, das Strecken und das seitliche Abspreizen der Finger.

Es gibt 14 *Phalangen* oder Fingerglieder, drei bei jedem langen Finger und zwei beim Daumen. Die Gelenke zwischen den einzelnen Fingergliedern eines jeden Fingers sind echte Scharniergelenke. Jedes Fingerglied endet in zwei gerundeten Gelenkflächen, die in zwei entsprechende Pfannen im anschließenden Fingerglied eingreifen, so daß jede seitliche Bewegung unmöglich ist. Bei gebeugten Fingern kann man die zwei Gelenkvorsprünge deutlich sehen. Das Endglied eines jeden Fingers ist abgeplattet und trägt den Fingernagel.

Die Muskeln der Hand

Die in den Bildtafeln gezeigten Handmuskeln bewegen den Mittelhandknochen des Daumens und spreizen und schließen die vier langen Finger. Einige helfen auch mit, die Finger und den Daumen zu beugen und zu strecken, doch werden diese Bewegungen in erster Linie durch die kraftvollen Unterarmmuskeln bewirkt, die mit ihren langen Sehnen an den Fingern ansetzen. Die Handmuskeln zwischen den Mittelhandknochen der vier langen Finger sind äußerlich nicht zu sehen, die übrigen bilden zusammen drei Muskelkissen. Davon liegen zwei zwischen den Mittelhandknochen des Daumens und des Zeigefingers, das eine – der Daumenballen – auf der Handinnen-, das andere auf der Handaußenseite, während das dritte, der Kleinfingerballen, wiederum Teil der Handfläche ist.

Von den vier Muskeln, die den Mittelhandknochen des Daumens bewegen, sind drei Handtellermuskeln: der *m. opponens pollicis*, der *abductor pollicis brevis* und der *adductor pollicis transversus*. Der *m. opponens pollicis* (Muskel, der den Daumen der Handfläche gegenüberstellt) entspringt an den Handwurzelknochen und dem Querband der Handwurzel und setzt am Mittelhandknochen des Daumens an. Er zieht den Daumen quer über die Handfläche. Der *abductor pollicis brevis*, der kurze Daumenabzieher, entspringt an denselben Stellen, setzt jedoch an der Basis des ersten Fingergliedes des Daumens an. Insofern hat er nur eine indirekte Wirkung auf den Mittelhandknochen des Daumens. In der Bewegung des Abspreizens kann er den Mittelhandknochen in eine Stellung bis zu 90 Grad zur Handfläche bringen. Der *adductor pollicis transversus*, der quere Daumenzieher, entspringt am Mittelhandknochen des Mittelfingers und an den Handwurzelknochen, er zieht zur Basis des ersten Fingergliedes des Daumens. Er bewirkt die Anziehung des Daumens zur Handmitte hin. Diese drei Muskeln sind nicht als Einzelmuskeln zu erkennen, sondern bilden zusammen das als Daumenballen bezeichnete Muskelkissen. Der vierte Muskel, der auf den Mittelhandknochen des Daumens einwirkt, ist der *abductor pollicis longus*, der lange Daumenabzieher, ein Unterarmmuskel, dessen Sehne an der Basis des Knochens angreift und ihn von der Hand abspreizt.

Die die Finger spreizenden und schließenden Muskeln sind die *m. interossei volares, interossei dorsales* und der *abductor digiti quinti*. Die *interossei volares* sind tief zwischen den Mittelhandknochen liegende Muskeln, die in den Bildtafeln nicht erscheinen. Sie schließen die vier langen Finger. Die vier *interossei dorsales*, die über den *volares* liegen, spreizen den Zeige-, Mittel- und Ringfinger. Der Muskel zwischen dem Mittelhandknochen des Daumens und des Zeigefingers ist der größte der Zwischenknochenmuskeln und tritt auch deutlich auf dem Handrücken hervor. Der *abductor digiti quinti* zieht vom Handgelenk zur Basis des Grundgliedes des kleinen Fingers. Er spreizt den kleinen Finger ab.

Es gibt vier Daumenbeuger und -strecker. Davon ist nur einer ein echter Handmuskel, und zwar ist dies der *flexor pollicis brevis*, der kurze Daumenbeuger. Er entspringt an den Handwurzelknochen und dem Querband der Handwurzel und setzt am ersten Fingerglied des Daumens an, bildet also einen Teil des Daumenballens. Der andere Daumenbeuger ist ein tiefliegender Unterarmmuskel; es ist dies der *flexor pollicis longus*, der lange Daumenbeuger, der in den Bildtafeln des Armes fehlt und in denen der Hand nur mit seiner Endsehne eingezeichnet ist. Beide Daumenstrecker, der lange *(extensor pollicis longus)* und der kurze *(extensor pollicis brevis)*, sind Unterarmmuskeln, von denen der lange so tief liegt, daß er in die Bildtafeln des Armes nicht eingezeichnet worden ist.

Die hauptsächlichen Beuge- und Streckmuskeln der vier langen Finger sind Unterarmmuskeln. Die Beugung wird vom *flexor digitorum sublimis* bewirkt, der vier Sehnen hat, die über die Handfläche zu den Fingern laufen. Die folgenden Handmuskeln helfen bei der Beugung im Fingergrundgelenk mit: die *interossei dorsales, lumbricales* und der *flexor digiti quinti brevis*. Der letztere, der kurze Beuger des Kleinfingers, zieht von den Handwurzelknochen und dem Querband der Handwurzel zum Grundglied des Kleinfingers. Die Streckung erfolgt mit Hilfe des gemeinsamen Fingerstreckers *(extensor digitorum communis),* des eigenen Streckmuskels des kleinen Fingers *(extensor digiti quinti proprius)* und des Streckers des Zeigefingers *(extensor indicis proprius).* Diese Unterarmmuskeln haben Sehnen, die über den Handrücken zu den Fingern ziehen. Bei der Streckung im Mittel- und Endgelenk helfen die Zwischenknochenmuskeln *iterossei dorsales* und *lumbricales* mit. Diese Muskeln haben zwei Ansätze: an den Fingern, so daß sie an der Beugung mitwirken, und an den Sehnen der Streckmuskeln, wodurch sie bei der Streckung behilflich sind.

Der *m. palmaris brevis,* der kurze Hohlhandmuskel, ist ein sehr dünner oberflächlicher Muskel, der an der flächenförmigen Sehne der Hohlhand entspringt und in der Haut über dem Kleinfingerballen endet. Er hat keine wichtige Funktion.

Aufs äußerste vereinfacht, ist die eigentliche Hand ihrer Form nach ein Quadrat, an dessen eine Kante ein bewegliches Dreieck angebracht ist. Die vier Finger schließen an das Quadrat an, der Daumen an das Dreieck. Das Quadrat ist leicht gebogen und paßt sich so dem Bogen der Handwurzelknochen an. Als Folge davon beschreiben die Außenflächen der Finger und die Nägel gleichfalls einen ähnlichen Bogen. Werden die Finger gebeugt, so konvergieren die Fingerspitzen mehr oder weniger auf einen Punkt zu, was ebenfalls auf diese leichte Wölbung der Hand zurückzuführen ist. Auch das bewegliche Dreieck macht hierin keine Ausnahme, und so konvergiert der Daumen mit den übrigen Fingerspitzen, wenn er gebeugt wird.

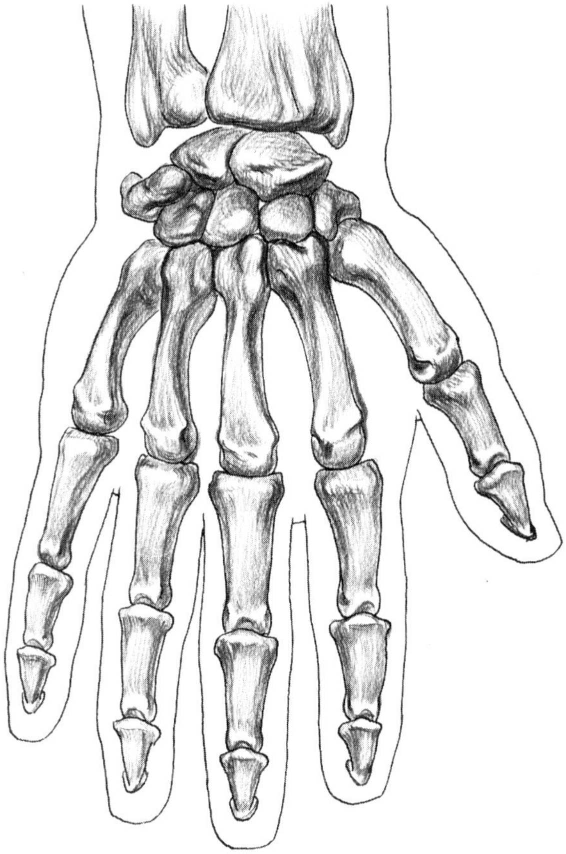

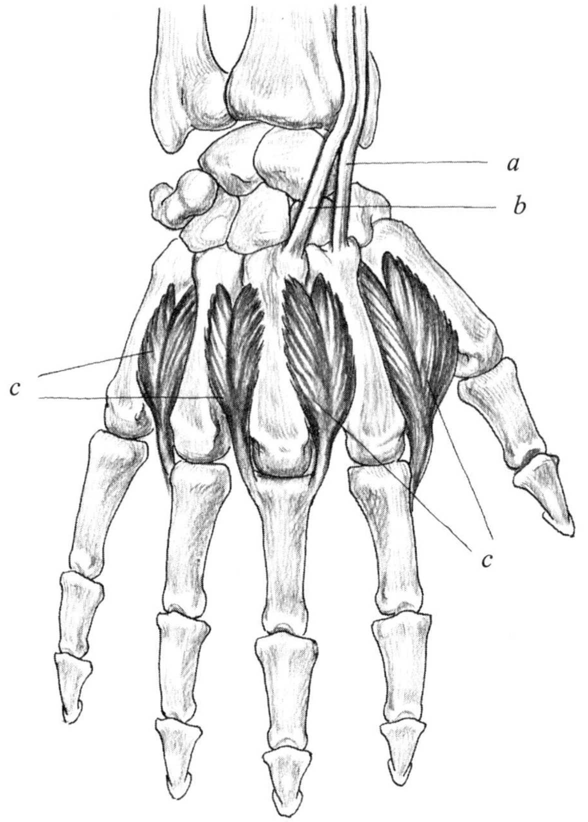
a
b
c
c
c

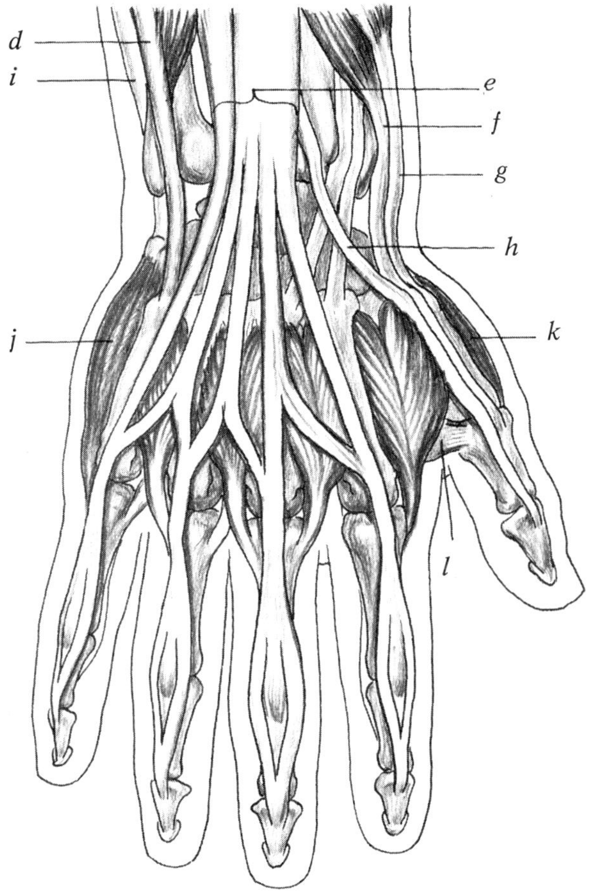
d
i
e
f
g
h
j
k
l

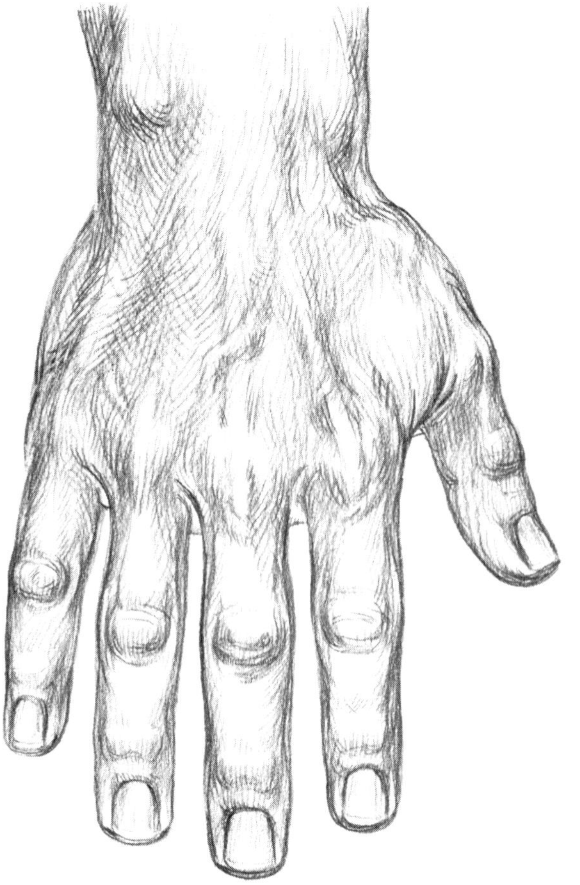

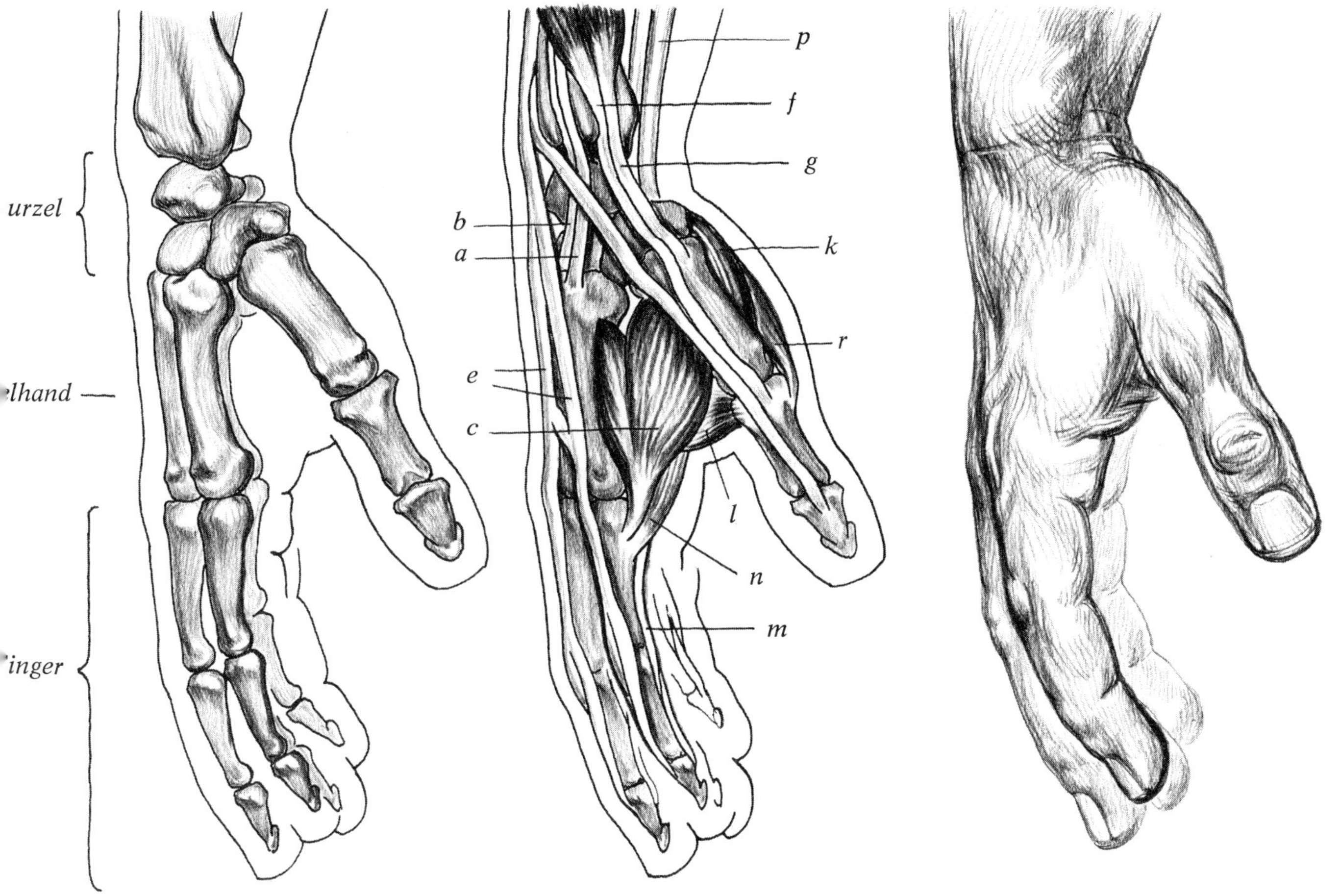

a Sehne des extensor carpi radialis longus
b Sehne des extensor carpi radialis brevis
c interossei dorsales
d extensor carpi ulnaris
e Sehnen des extensor digitorum communis und des extensor digiti quinti proprius
f extensor pollicis brevis
g abductor pollicis longus
h Sehne des extensor pollicis longus, eines tiefliegenden Muskels, der auf den Bildtafeln des Armes nicht erscheint

i flexor carpi ulnaris
j abductor digiti quinti
k opponens pollicis
l adductor pollicis
m Sehnen des flexor digitorum sublimis
n lumbricales
p flexor carpi radialis
r abductor pollicis brevis

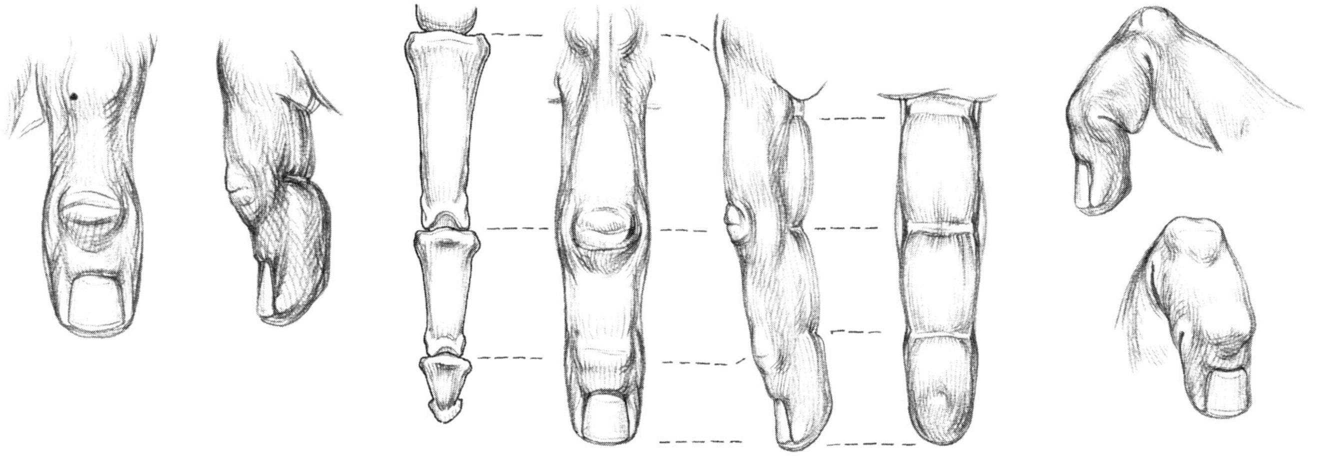

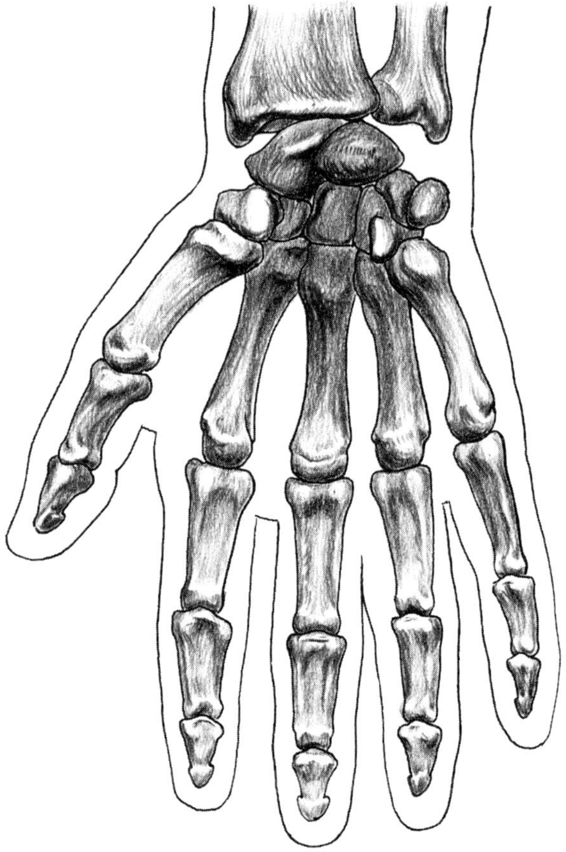

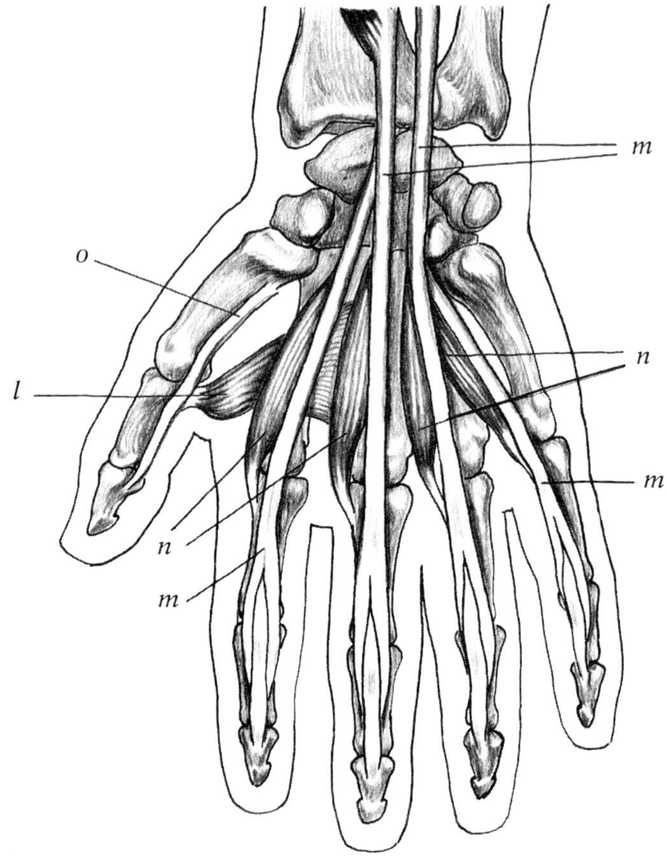
m
o
n
l
m
n
m

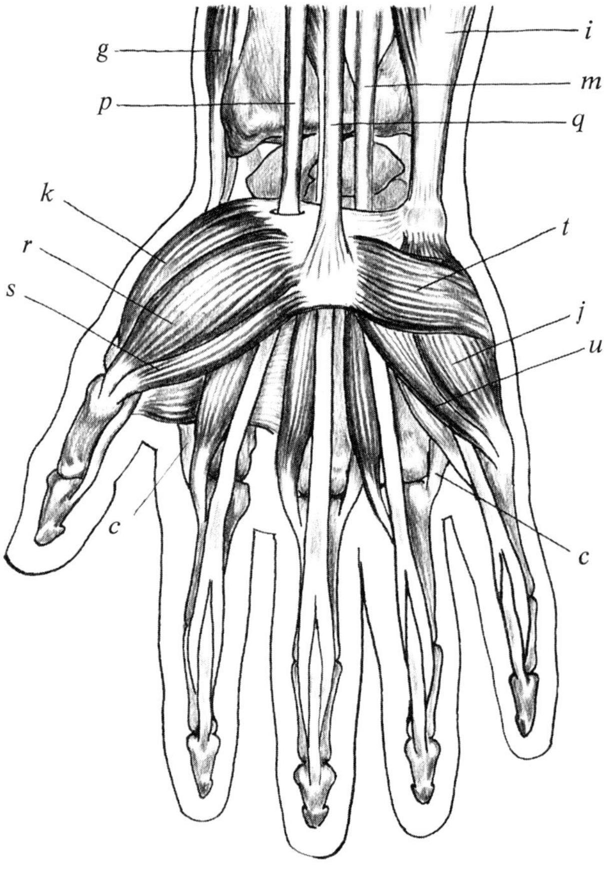
i
g
m
p
q
k
t
r
s
j
u
c
c

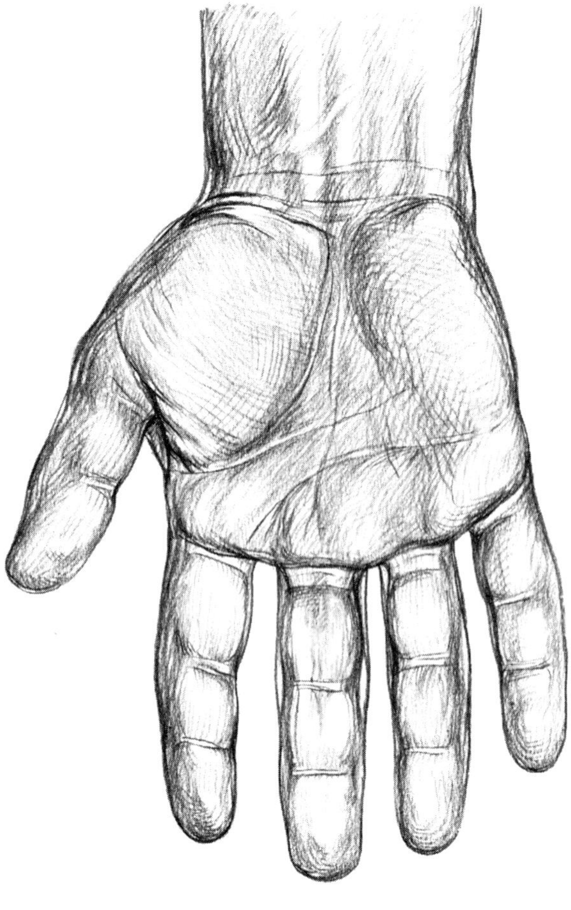

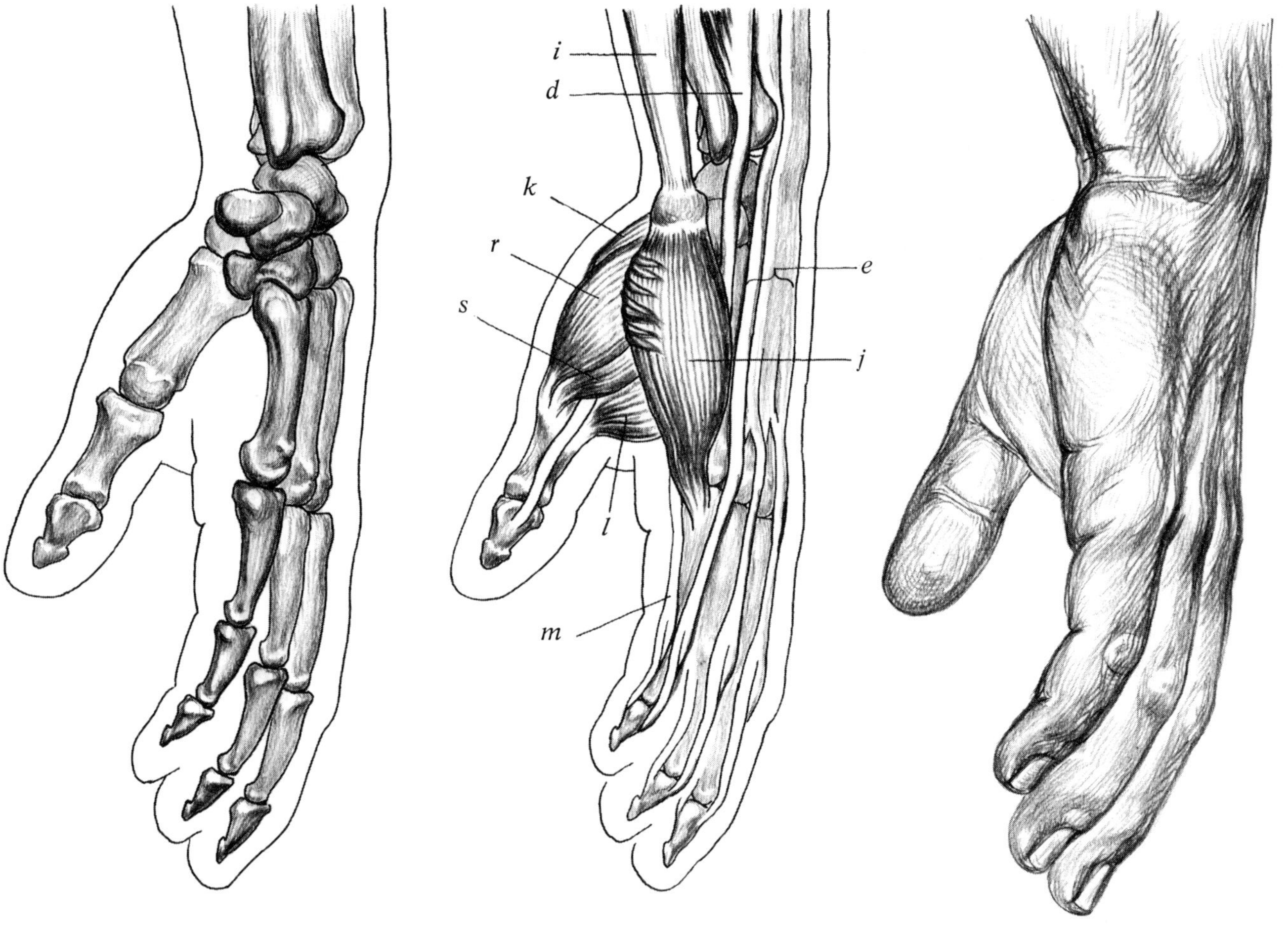

c *interossei dorsales*
d *extensor carpi ulnaris*
e *Sehnen des extensor digitorum communis und des extensor digiti quinti proprius*
g *abductor pollicis longus*
i *flexor carpi ulnaris*
j *abductor digiti quinti*
k *opponens pollicis*
l *adductor pollicis*
m *Sehnen des flexor digitorum sublimis*
n *lumbricales*
o *Sehne des flexor pollicis longus, eines tiefliegenden Unterarmmuskels, der in den Bildtafeln des Armes nicht eingezeichnet ist*
p *flexor carpi radialis – setzt an der Basis des zweiten Mittelhandknochens an*
q *palmaris longus – seine Sehne geht in eine Aponeurose über, die sich zur Basis eines jeden Fingers erstreckt, hier aber nicht gezeigt ist*
r *abductor pollicis brevis*
s *flexor pollicis brevis*
t *palmaris brevis – endet in der Haut der äußeren Handkante*
u *flexor digiti quinti brevis*

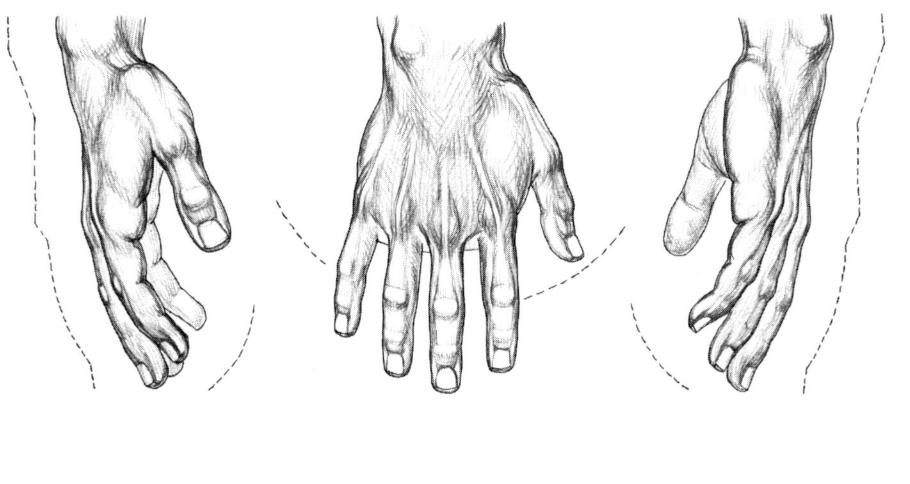

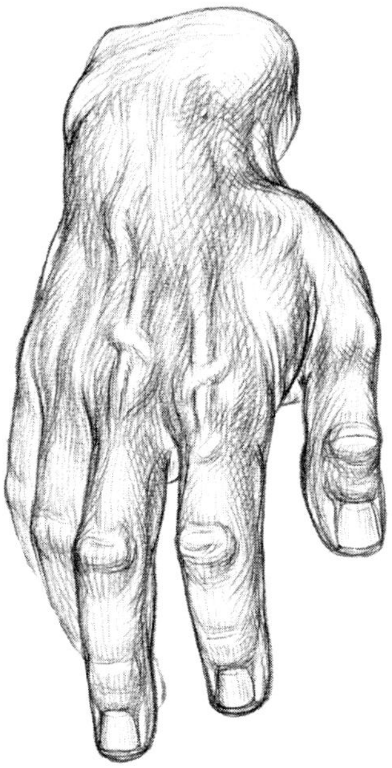
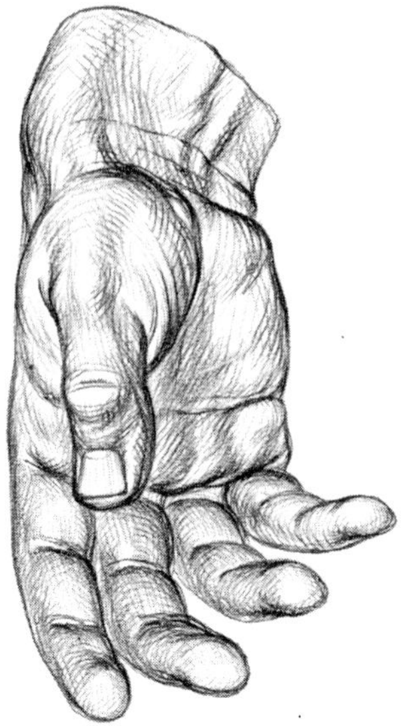
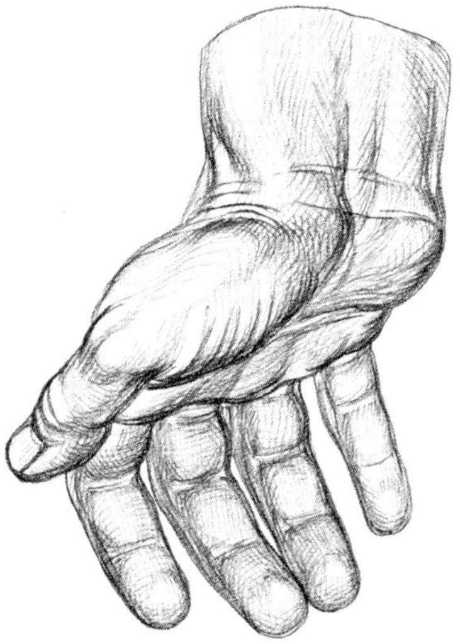
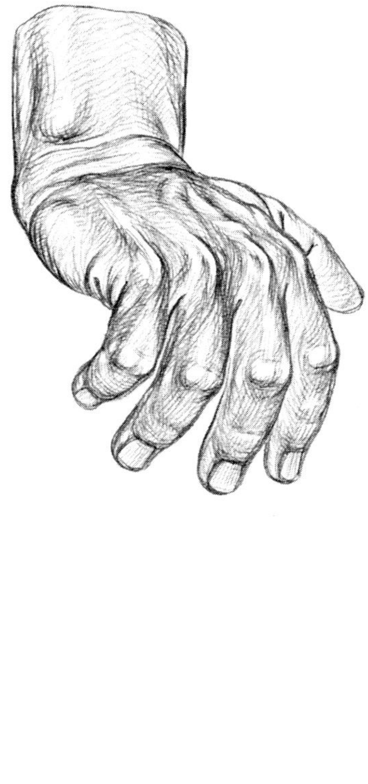
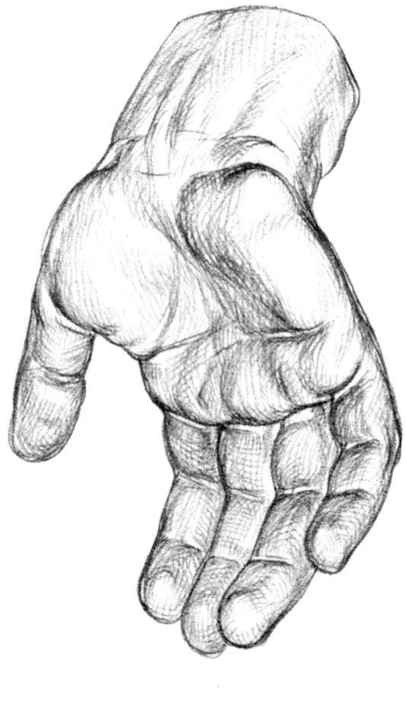

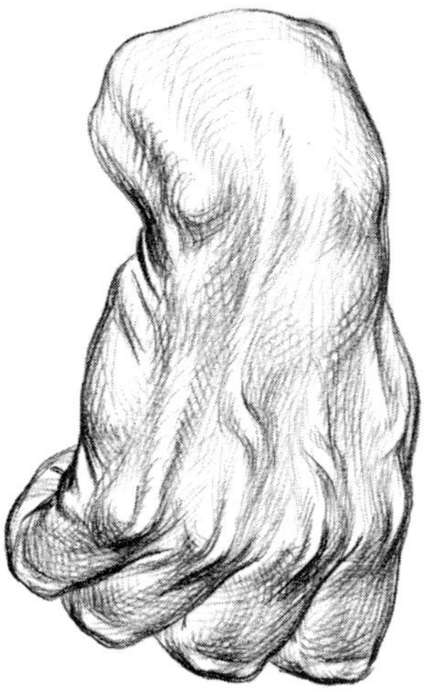

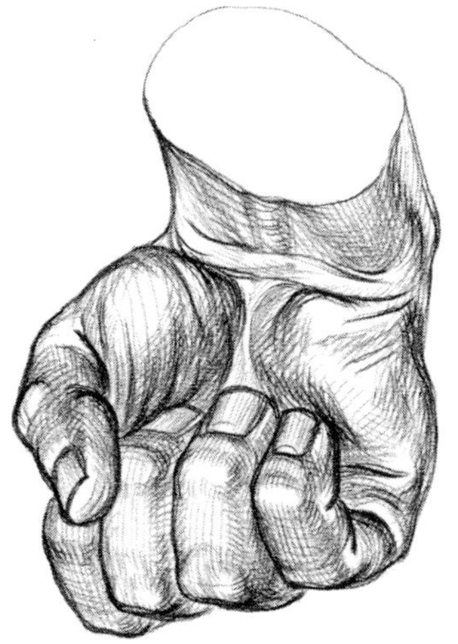

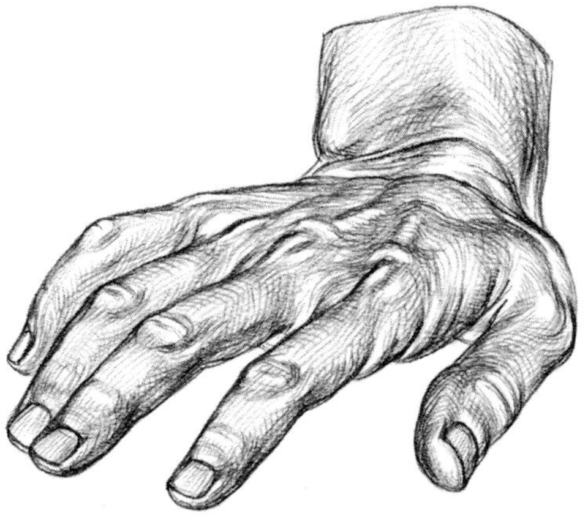

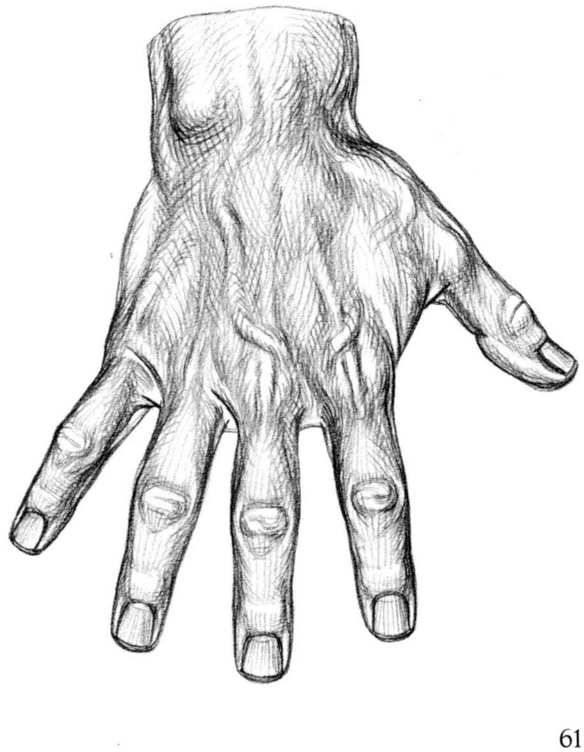

Die Hüfte und das Bein

In der Beckengegend wird die menschliche Gestalt gegliedert durch das Schambein, die beiden Darmbeinkämme und das Kreuzbein. Diese Vorsprünge und Knochenkämme setzen die Rumpfmuskulatur deutlich von den Hüft- und Beinmuskeln ab. Aus diesem Grunde werden die Hüftmuskeln hier zusammen mit der Muskulatur des Beines behandelt. Die Knochen des Beckengürtels werden sowohl als Hüftknochen als auch als Teile des Rumpfskeletts angesehen.

Die Knochen der Hüfte

Die beiden Hüftbeine, das Kreuzbein und das Steißbein bilden zusammen das Becken, das schon als Teil des Rumpfes beschrieben worden ist. Als Teile des Rumpfes bilden diese Knochen die Basis für die Wirbelsäule, sind sie Stütze und Schutz der Bauchorgane und dienen sie als Ansatzflächen für manche Rumpfmuskeln. Als Teile der Hüft- und Beinkonstruktion verbinden sie die Beine mit dem Rumpf und dienen den Hüft- und Beinmuskeln als Ansatz.

Die beiden Hüftbeine sind vorne unbeweglich durch eine Faserknorpelplatte und hinten durch das Kreuzbein miteinander verbunden. Zusammen bilden diese drei Knochen einen Ring, der das Gewicht des Rumpfes auf die Beine überträgt. In der Kindheit besteht das Hüftbein aus drei Einzelknochen, dem Darmbein *(os ilium),* dem Sitzbein *(os ischii)* und dem Schambein *(os pubis),* die beim Erwachsenen verschmolzen sind. Das Darmbein, der obere Teil des Hüftbeins, hat einen oval gebogenen oberen Rand, den Darmbeinkamm, der sich gewöhnlich in seiner ganzen Länge an der Gestalt abzeichnet. Vorne endet dieser Kamm direkt unter der Haut in einem Punkt, dem vorderen Darmbeinstachel, der die Bauchdecke seitlich deutlich sichtbar begrenzt. Dort wo der Kamm auf der Rückseite endet, findet sich äußerlich ein Grübchen auf der Hinterseite der Hüfte. Die Außenfläche des Darmbeins unterhalb seines Kammes und das Kreuzbein bieten Ansatzflächen für die Hüftmuskeln. Unterhalb des Darmbeins bieten das vorn gelegene Schambein und das dahinter gelegene Sitzbein Ansätze für die Beinmuskulatur.

Der unterste Teil des Hüftbeins wird von einer Knochenkonstruktion gebildet, die sich von der Unterseite des Schambeinkammes schräg abwärts, rückwärts und seitwärts erstreckt und in dem verdickten, gerundeten Sitzknochen endet. Äußerlich tritt der Knochen nicht in Erscheinung, ist aber – außer als Ansatz für Muskeln – dazu notwendig, den Körper in sitzender Stellung zu halten.

Auf der unteren Außenfläche des Hüftbeins befindet sich die Gelenkpfanne für den Kopf des Oberschenkelknochens. Diese Pfanne ist sehr tief; anders als die flache Pfanne des Schultergelenks verleiht sie Festigkeit und Stabilität. Das dreieckige Kreuzbein, das den knöchernen Beckenring hinten abschließt, springt rückwärts vor und bestimmt so die schräg abfallende Kontur der Hüfte. Das Steißbein, die Verlängerung des Kreuzbeins, bildet das unterste Ende der Wirbelsäule.

Die größte Abweichung im Knochenbau von Mann und Frau finden wir beim Becken, das sich nach Größe und Form unterscheidet. Das weibliche Becken ist flacher und ausladender, deshalb ist der Rumpf relativ länger und sind die Hüften und der

Bauch breiter als beim Mann. Das weibliche Bekken ist stärker nach hinten gekippt, und das rückwärts weiter vorspringende Kreuzbein unterstreicht diese Schrägstellung noch.

Die Knochen des Beines

Ähnlich wie die Arme haben auch die Beine im oberen Teil einen Knochen und zwei im unteren Teil. Auch die Gelenke weisen Ähnlichkeiten auf. An der Verbindungsstelle mit dem Rumpf haben alle Gliedmaßen Kugelgelenke, weiter abwärts Scharniergelenke oder scharnierähnliche Gelenke. Die zum Gehen und Tragen bestimmten Beine haben jedoch dickere und schwerere Knochen und weniger frei bewegliche Gelenke als die Arme.

Der Knochen des Oberschenkels *(femur)* ist mit dem Becken durch ein Kugelgelenk verbunden, das in jeder Richtung bewegt werden könnte, doch ist seine Bewegungsfreiheit nach hinten durch ein starkes Band eingeschränkt, welches das Gelenk an der Vorderseite überspannt. Bei bequemem aufrechtem Stehen liegt das Hüftgelenk ein wenig vor dem Schwerpunkt des Körpers, und das Oberschenkelbein ist im Verhältnis zum Becken ein wenig nach hinten gebeugt. In dieser Haltung fixiert das Band das Gelenk, so daß der Körper ohne viel Muskelarbeit aufrecht gehalten wird. Um das Bein weiter rückwärts zu bewegen, wie zum Beispiel bei einem langen Schritt, ist es wegen dieser Fixierung notwendig, das Becken etwas nach vorn zu kippen. Der kugelige Kopf des Oberschenkelbeins ist durch seinen Hals schräg mit dem oberen Abschnitt des Oberschenkelschaftes verbunden. Dieser Oberschenkelhals wirkt als Hebel für die Hüftmuskeln, wenn das Bein seitwärts gehoben wird.

Der knochige Vorsprung am oberen Ende des *Femur*schaftes ist nicht von Muskeln überdeckt, liegt dicht unter der Haut und zeichnet sich daher ab. Der Schaft ist nach innen gerichtet und endet in einer Verbreiterung, die zwei *Condylen* oder Gelenkrollen trägt. Die unteren und hinteren Flächen dieser *Condylen* sind rund und passen in zwei korrespondierende Vertiefungen am oberen Ende des Schienbeins, um so das Kniegelenk zu bilden. Das Kniegelenk ist ein echtes Scharniergelenk. Es gestattet dem Unterschenkel nur eine Beugung nach hinten, die beiden seitlich des Kniegelenks laufenden Bänder fixieren das Kniegelenk in Streckstellung und verhindern eine Überstreckung nach vorn. Das Hüftgelenk und das Kniegelenk, die in entgegengesetzter Richtung fixiert sind, sind zur Aufrechthaltung des Körpers sehr wichtig. Das Knie, ein wenig hinter dem Schwerpunkt des Körpers gelegen und fixiert, und das Hüftgelenk, ein wenig vor dem Schwerpunkt des Körpers gelegen und in entgegengesetzter Richtung fixiert, erlauben durch ihren Bandapparat eine aufrechte Haltung, ohne daß Muskeln arbeiten müßten.

Die Knochen des Unterschenkels. Das Schienbein *(tibia)*, der statisch entscheidende Knochen des Unterschenkels, ist oben mit dem Oberschenkelbein und unten mit einem der Fußwurzelknochen gelenkig verbunden. Im Querschnitt ist der Schaft des Schienbeins dreieckig, und der Knochen ist dick, da er das Körpergewicht tragen muß. Die Vorderkante und viel von der Innenseite der *tibia* liegen dicht unter der Haut. Am unteren Ende verbreitert sich der Knochen nach beiden Seiten. Der Fortsatz auf der Innenseite ist der sogenannte innere Knöchel. Das Wadenbein *(fibula)*, der kleinere der beiden Unterschenkelknochen, ist sehr dünn, dient nur als Muskelansatz und hat kein Gewicht zu tragen. Es ist mit dem Schienbein an seinem oberen und unteren Ende fest verbunden. Sein oberes Ende zeichnet sich leicht etwas unterhalb des Kniegelenks ab, sein Schaft ist von Muskeln überdeckt, während sein verdicktes unteres Ende an der Fußaußenseite den äußeren Knöchel bildet. Der äußere Knöchel liegt etwas tiefer am Fuß und mehr nach hinten als der innere Knöchel. Beide Unterschenkelknochen tragen zu der Form des Sprunggelenkes bei. In die querverlaufende Höhlung am unteren Ende des Schienbeins ist ein walzenförmiger Knochen der Fußwurzel eingelassen. Gehalten wird dieser Knochen zwischen den beiden Knöcheln des Schien- und des Wadenbeins. Das so entstandene Scharniergelenk erlaubt nur die Beugung und Streckung des Fußes, Bewegungen, die in der gleichen Ebene liegen wie die Bewegungen im Kniegelenk.

Die Kniescheibe *(patella)* ist mehr oder weniger dreieckig und liegt beim Stehen vor dem Oberschenkelbein, wobei ihre unterste Spitze gerade bis zur Höhe des Gelenkspaltes reicht. Die Sehne der vorderen Oberschenkelmuskeln ist an der oberen Spitze der Kniescheibe befestigt, umgibt sie von allen Seiten und verbindet sich dann mit den Fasern des Kniescheibenbandes *(ligamentum patellae)*, eines nicht elastischen Bandes, welches die Kniescheibe mit dem Schienbein verbindet. Da die Kniescheibe in die Sehne eingelagert ist, bildet sie kein

Gelenk mit den Beinknochen. Ihre Lage im Verhältnis zu ihnen ändert sich, wenn das Knie gebeugt wird. Die Kniescheibe dient dem Schutz der Gelenkvorderseite, vor allem aber verstärkt sie die Hebelwirkung der Oberschenkelmuskeln.
Die Hauptunterschiede zwischen den Bewegungen der Arme und Beine finden sich bei den Bewegungen des Unterarms und des Unterschenkels. Die Drehung des Unterarms verändert die Lage des Handgelenks im Verhältnis zum Ellbogengelenk, während der Unterschenkel, zu keiner größeren Drehung fähig, keine Änderung der Bewegungsebene von Fuß- und Kniegelenk gestattet. Die Beweglichkeit des Handgelenks ist sowieso größer als die des Fußgelenks.

Die Muskeln der Hüfte

Die seitlich und hinten in der Gegend des Beckens liegenden Hüftmuskeln sind der *glutaeus maximus,* der *glutaeus medius* und der *tensor fasciae latae.* Der *glutaeus maximus,* der größte der Gesäßmuskeln, entspringt an der hinteren Außenseite des Darmbeins, am Kreuzbein und am Steißbein. Er ist der größte und stärkste Muskel des menschlichen Körpers. Seine tiefen Fasern, die an der Hinterseite des Beines über die tiefer liegenden Muskeln hinwegziehen, setzen am Oberschenkelbeinschaft unterhalb des oberen Abschnittes dieses Knochens an. Seine oberflächlichen Fasern setzen an der *fascia lata,* der Bindegewebshülle der Oberschenkelmuskeln, an, die ihre Verlängerung im *iliotibialen* Band findet, einem breiten, fasrigen Band, das an der Außenseite des Oberschenkels abwärts verläuft. Die charakteristische rechteckige Form des Gesäßes – von hinten gesehen – ist nicht so sehr durch die Form des Muskels als vielmehr durch eine dicke Fettschicht bedingt. Der *glutaeus maximus* ist der wichtigste Streckmuskel am Hüftgelenk, er führt das Bein beim Gehen und Springen zurück und hilft, den Körper aufzurichten und aufrecht zu halten.
Der mittlere Gesäßmuskel *(m. glutaeus medius)* entspringt am oberen Teil der Darmbeinschaufel unterhalb des Darmbeinkammes und setzt am oberen Vorsprung des Oberschenkelbeins neben dem Oberschenkelkopf an. Obgleich sein hinterer Teil vom *glutaeus maximus* zum Teil überlagert wird und seine vordere Kante vom *tensor fasciae latae* bedeckt ist, verläuft er in der Hauptsache dicht unter der Haut und hat daher einen prägenden Einfluß auf die seitliche Hüftlinie. Er spreizt das Bein seitwärts und benutzt dabei den Oberschenkelhalsknochen als Hebel. Der Schenkelbindenspanner *tensor fasciae latae* entspringt am vorderen oberen Vorsprung des Darmbeinkammes, zieht schräg abwärts und rückwärts über das Hüftgelenk und setzt an der *fascia lata* an der Außenseite des Beines an. Beim Stehen ist die Umrißlinie dieses Muskels selten zu sehen. Wird das Bein im Hüftgelenk gebeugt, so faltet er sich in sich selbst und wird dann durch seine größere Dicke äußerlich sichtbar. Dieser Muskel wirkt beim Beugen des Oberschenkels nach vorn und bei der Vorwärtsneigung des Beckens mit.

Die Muskeln des Beines

Am einfachsten teilt man die Beinmuskeln in fünf Gruppen ein, drei für den Oberschenkel und zwei für den Unterschenkel.

Die Muskeln des Oberschenkels setzen sich aus drei Hauptgruppen zusammen: eine vordere Gruppe streckt das Bein im Knie, eine entgegengesetzte Gruppe an der Hinterseite des Beines beugt das Bein im Knie, während die dritte Gruppe, die am unteren Teil des Beckens entspringt, an der Innenseite des Beines durch Einwirkung auf das Hüftgelenk das Heranziehen des Oberschenkels zur Körpermitte hin bewirkt.

Die vorne gelegene Muskelgruppe besteht aus den vier Muskeln: *rectus femoris, vastus lateralis, vastus medialis* und *sartorius.* Der gerade Streckmuskel *(rectus femoris)* zieht von einem Punkt, der sich unterhalb des vorderen Endes des Darmbeinkammes am Becken befindet, bis zur Kniescheibe, an deren Spitze er mit seiner abgeplatteten Sehne ansetzt. Die oberflächlichen Fasern dieser Sehne ziehen über die Kniescheibe hinweg und verbinden sich mit dem *ligamentum patellae,* so daß der Muskel auf diese Weise einen zweiten Ansatz am Schienbein hat. Der gerade Schenkelmuskel ist der Hauptbeuger am Hüftgelenk, zusammen mit dem *vastus lateralis* und dem *vastus medialis* streckt er den Unterschenkel im Kniegelenk.

Der äußere und der innere Schenkelmuskel *(vastus lateralis* und *vastus medialis)* liegen hinter und zu beiden Seiten des *rectus femoris.* Sie entspringen am Oberschenkelbein, und zwar an der Hinter-

fläche unterhalb seines Kopfes und an der Innenseite des Schaftes, und ziehen zur Kniescheibe. Sie münden in die allen drei Muskeln gemeinsame Sehne, die an einem Höcker an der Vorderseite des Schienbeins ansetzt und, in die die Kniescheibe eingelagert ist.
Entsprechend der diagonalen Stellung des Oberschenkelbeins erscheinen diese drei Muskeln als zusammenhängende diagonal verlaufende Masse. Der äußere und der innere Schenkelmuskel helfen dem geraden Schenkelmuskel, den Unterschenkel zu strecken, denn sie haben ja alle drei eine gemeinsame Sehne und den gemeinsamen Ansatzpunkt am Schienbein. Ist diese Muskelgruppe entspannt, so zeichnet sich oberhalb des Knies oft eine Furche ab, die durch ein verdicktes Bindegewebsband hervorgerufen wird. Bei Anspannung der Muskeln verschwindet diese Furche, und die Umrisse der drei Muskeln treten hervor (siehe Seiten 71 und 73). Der Schneidermuskel *(m. sartorius)* ist der vierte Muskel der vorderen Gruppe. Er entspringt am vorderen Ende des Darmbeinkammes neben dem Ursprung des Schenkelbindenspanners *(tensor fasciae latae)*. Dieser lange und dünne Muskel zieht von der oberen Vorderseite des Oberschenkels nach innen und unten, wobei er das Kniegelenk überspannt, und setzt an der Innenfläche des Schienbeinschaftes an. Der Schneidermuskel ist weder in seiner Muskelwirkung noch als die Oberfläche prägender Muskel bedeutend – er hilft lediglich mit, das Bein im Hüft- und Kniegelenk zu beugen.
Die hintere Gruppe der Oberschenkelmuskeln besteht aus den drei Kniesehnenmuskeln, dem *biceps femoris, semimembranosus* und *semitendinosus*. Sie wirken den Muskeln der Vorderseite entgegen, indem sie das Bein im Knie rückwärts beugen. Zusammen bilden sie eine im großen und ganzen vertikal verlaufende Masse im Vergleich zur diagonalen Masse der vorderen Gruppe. Der zweiköpfige Schenkelmuskel *(biceps femoris)*, der sich an der Außenseite dieser Gruppe befindet, hat zwei Köpfe. Der lange Kopf entspringt am runden Vorsprung des Sitzbeins an der Beckenbasis. Sein dicker Muskelbauch verläuft vertikal abwärts und endet in einer starken Sehne, die das Kniegelenk auf der Außenseite überspannt und am Wadenbein ansetzt. Der kurze Kopf entspringt am unteren Schaftteil des Oberschenkelknochens. Ursprung und oberer Teil dieses Muskels sind vom langen Kopf überdeckt. Die Muskelfasern des kurzen Kopfes verbinden sich mit der Innenfläche der Sehne des langen Kopfes, die als gemeinsame Endsehne dient. Dieser Muskel ist von der vorderen Gruppe durch eine Furche geschieden, die an der Außenseite des Beines verläuft. Seine Sehne und unteren Fasern sind an der Außenseite des Knies deutlich sichtbar. Der *biceps femoris* beugt den Unterschenkel im Kniegelenk.

Der halbsehnige Muskel *(m. semitendinosus)* und der ihm aufgelagerte halbhäutige Muskel *(m. semimembranosus)* liegen parallel zum *biceps femoris*, dem sie innen anliegen. Beide Muskeln entspringen am gleichen Vorsprung des Sitzbeins wie der lange Kopf des zweiköpfigen Schenkelmuskels. Ihre getrennten Sehnen verlaufen an der Innenseite des Kniegelenks und setzen am Schienbeinkopf an. Der halbsehnige und der halbhäutige Muskel beugen den Unterschenkel in Zusammenarbeit mit dem zweiköpfigen Schenkelmuskel. Zusammen bilden alle drei Muskeln im oberen Abschnitt ein glattes Muskelpaket; sie teilen sich dann aber, um beiderseits des Knies abwärts zu ziehen. Der so entstandene Zwischenraum ist durch ein Fettpolster ausgefüllt.
Die innere Gruppe der Oberschenkelmuskeln zieht das Bein zur Körpermitte heran und wirkt dem mittleren Gesäßmuskel entgegen. Zu dieser Gruppe gehören die Muskeln *pectineus, adductor longus, adductor magnus* und *gracilis*. Der Kamm-Muskel des Oberschenkels *(m. pectineus)* entspringt am Oberteil und der vorderen Seite des Schambeins und setzt nach schrägem Verlauf im oberen Abschnitt des Oberschenkelbeins an.

Der lange Schenkelanzieher *(m. adductor longus)* entspringt an der Unterseite des Schambeinkammes, verläuft parallel zum Kamm-Muskel und unterhalb desselben und setzt im Mittelteil des Oberschenkelbeinschaftes an. Der große Schenkelanzieher *(m. adductor magnus)* entspringt am gesamten Unterrand des Sitzbeins. Der Muskelbauch des *adductor magnus* verläuft hinter dem *pectineus* und *adductor longus* an der Innenseite des Oberschenkels. Dieser Muskel setzt am gesamten Schaft des Oberschenkelbeins an. Zusammen bilden die drei Muskeln ein einziges Muskelpaket an der oberen Innenseite des Oberschenkels, das in der Nähe des Beckens breit und dick ist und sich zur Mitte des Oberschenkels hin verjüngt. Auf der Hinterseite verschmilzt diese Masse äußerlich übergangslos mit der Muskelmasse der hinteren Gruppe. An der Vorderseite ist die innere Muskelgruppe jedoch deutlich von der vorderen Muskelgruppe abgesetzt, wobei der Schneidermuskel *(m. sartorius)* die Abgrenzung bildet. Die drei Muskeln der inneren Gruppe wirken zusammen und ziehen den Oberschenkel zur vertikalen Mittellinie des Körpers heran.

Der schlanke Muskel *(m. gracilis)* hat seinen Kopf am Schambeinvorsprung nahe dem Ursprung des langen Schenkelanziehers. Er verläuft über die Innenseite des Kniegelenks und setzt am Schienbein an. Äußerlich zeichnet er sich nicht als Einzelmuskel ab. Er hilft beim Heranziehen des Oberschenkels und bei der Beugung des Kniegelenks.

Hauptsächliche Oberflächenformen des Knies: Ist das Kniegelenk gestreckt, so bildet die Kniescheibe mit dem unterhalb derselben anschließenden Fettgewebe eine Art Rechteck. Oft ist dieses Fettgewebe durch das Kniescheibenband in der Längsrichtung unterteilt. Wird das Knie gebeugt, das Fettgewebe also unter Druck gesetzt, so verschwindet es als eigenständige Form, da es flach angepreßt wird. Zu beiden Seiten des Knies erkennt man starke Längskörper, die den Ober- mit dem Unterschenkel verbinden. Diese vertikalen Formen kommen durch die Kniesehnenmuskeln zustande, die von der Hinterseite des Oberschenkels zu den Seiten des Unterschenkels verlaufen. An der Innenseite des Knies ist diese Verbindung von breiter, glatter Art und bezieht auch noch einen Teil der Rückseite des Knies mit ein. Bei der Frau ist wegen der stärkeren Fettgewebeüberdeckung der breite glatte Charakter dieser Verbindung noch betont. Sie besteht aus den Sehnen der folgenden vier nebeneinander verlaufenden Muskeln: des *sartorius, gracilis, semimembranosus und semitendinosus* (von vorn nach hinten aufgezählt). An der Außenseite des Knies wird die verbindende Form zwischen Ober- und Unterschenkel durch die dicke Sehne und den Bauch des *biceps femoris,* des zweiköpfigen Oberschenkelmuskels, geprägt. An der Rückseite des Knies, zwischen den beidseitigen Verbindungen, befindet sich ein Fettpolster, das deutlich durch zwei senkrechte Furchen nach den Seiten sowie durch eine horizontale Hautfalte nach unten hin abgegrenzt ist.

Die Unterschenkelmuskeln werden in zwei Hauptgruppen unterteilt, die das Knöchelgelenk bewegen. Die vordere Gruppe, die sich an der Außenfläche des Schienbeins befindet, beugt den Fuß und streckt die Zehen, während die rückwärtige Gruppe, entgegengesetzt wirkend, den Fuß streckt und die Zehen beugt.

Die vordere Gruppe umfaßt unter anderen die folgenden Unterschenkelmuskeln: *tibialis anterior, extensor digitorum longus* und *peronaeus tertius.* Der vordere Schienbeinmuskel *(m. tibialis anterior)* entspringt am äußeren Gelenkknorren *(Condylus)* des Schienbeins und von der oberen Hälfte seines Schaftes. Der Muskel und seine lange Sehne verlaufen neben und an der Außenseite des Schienbeinschaftes. Seine Sehne zieht über das Sprunggelenk zum Innenrand des Fußes und setzt an der Basis des Mittelfußknochens der großen Zehe an. Die fleischige Masse des Muskels ist äußerlich gut sichtbar, und die über das Fußgelenk ziehende Sehne tritt oft stark hervor. Indem der Muskel den Innenrand des Fußes hochzieht, hilft er mit, den Fuß nach dem Fußrücken hin zu beugen.

Der lange oder gemeinsame Zehenstrecker *(m. extensor digitorum longus)* entspringt am äußeren Gelenkknochen des Schienbeins und von den oberen drei Vierteln des Wadenbeins. Sein Bauch verläuft neben dem vorderen Schienbeinmuskel. Seine flache Sehne spaltet sich in vier Endsehnen, die über den Fußrücken verlaufen und an den vier kleineren Zehen ansetzen. In der Hauptsache streckt (hebt) er die Zehen, aber er hilft auch bei der Beugung des Fußes mit, indem er den äußeren Fußrand hochzieht. Der dritte Wadenbeinmuskel *(m. peronaeus tertius)* ist ein kleiner Muskel, der so stark mit dem langen Zehenstrecker verschmilzt, daß beide als ein Muskel erscheinen. Er entspringt vom unteren Drittel des Wadenbeins und setzt am Mittelfußknochen der kleinen Zehe an. Auch dieser Muskel hilft bei der Beugung des Fußes mit. Die Streckung der Großzehe wird durch einen tiefliegenden Unterschenkelmuskel bewirkt, den *extensor hallucis longus* (den langen Großzehenstrekker). Seine Sehne tritt zwischen dem vorderen Schienbeinmuskel und dem langen Zehenstrecker hervor. Nicht der Muskel, sondern nur diese Sehne ist in den Bildtafeln eingezeichnet.

Die hintere Muskelgruppe des Unterschenkels besteht aus fünf Muskeln, die den Muskeln der vorderen Gruppe entgegenwirken. Zwei dieser Muskeln liegen an der Außenseite der Gruppe und ziehen zum äußeren Knöchel. Es sind dieses der *peronaeus brevis* und der *peronaeus longus* (kurzer und langer Wadenbeinmuskel). Ein weiterer Muskel, der lange Zehenbeuger *(flexor digitorum longus),* befindet sich an der Innenseite der Gruppe und zieht zum inneren Knöchel. An der Rückseite der Gruppe befinden sich endlich noch die beiden Wadenmuskeln, der *soleus* und der *gastrocnemius,* die zur Ferse ziehen. Der kurze Wadenbeinmuskel *(peronaeus brevis)* entspringt an den unteren zwei

Dritteln des Wadenbeins. Seine Sehne verläuft hinter dem äußeren Knöchel und zieht von da nach vorne, wo sie am Mittelfußknochen der kleinen Zehe ansetzt. Zieht sich der Muskel zusammen, so hebt er den äußeren *(lateralen)* Fußrand und streckt den Fuß.

Der lange Wadenbeinmuskel *(peronaeus longus)* entspringt am Kopf und den oberen zwei Dritteln des Wadenbeins. Seine Fasern ziehen senkrecht abwärts und enden in einer langen Sehne, die dem kurzen Wadenbeinmuskel aufliegt. Auch diese Sehne verläuft hinter dem äußeren Knöchel und zieht dann vorwärts, wobei sie das Fußgewölbe unterkreuzt und am Mittelfußknochen der großen Zehe ansetzt. Auch der lange Wadenbeinmuskel streckt den Fuß und braucht dabei den äußeren Knöchel zur Veränderung seiner Zugrichtung in der gleichen Weise, wie der kurze Wadenbeinmuskel dies tut. Diese beiden Muskeln sind äußerlich sehr selten sichtbar, aber die Sehne des langen Wadenbeinmuskels ist direkt oberhalb des Knöchels deutlich zu erkennen. Der lange Zehenbeuger *(flexor digitorum longus)*, der in Richtung auf den inneren Knöchel verläuft, entspringt an der Hinterseite des Schienbeins, aber sein Ursprung und der größte Teil seines Bauches sind von den Wadenmuskeln verdeckt. Sein unterer Teil liegt dicht unter der Haut, und seine Sehne verläuft hinter dem inneren Knöchel, von wo sie vorwärts zieht und sich beim Verlauf über die Fußsohle in vier Endsehnen spaltet, die an den kleineren Zehen ansetzen. Dieser Muskel streckt den Fuß und beugt die Zehen.

Der Schollenmuskel *(m. soleus)*, der eine der beiden Wadenmuskeln, entspringt vom oberen Drittel des Wadenbeins und vom Schienbein. Sein Bauch ist flach und breit, verjüngt sich jedoch im Abwärtsziehen, und seine Sehne, ein Teil der starken und dicken Achillessehne, setzt am Fersenbein an. Die Innenkante dieses Muskels zeigt sich dort am deutlichsten, wo sie einen starken diagonalen Wulst an der Innenseite des Beines bildet. Indem er die Ferse hebt, streckt dieser Muskel den Fuß. Der zweiköpfige Wadenmuskel *(m. gastrocnemius)* entspringt von den Gelenkknorren *(Condylen)* des Oberschenkelbeines. Die beiden Köpfe erscheinen nebeneinander zwischen den Kniesehnen und bleiben auch im weiteren Verlauf des Muskels als nebeneinanderliegende Stränge unterscheidbar. Der innere ist dicker und tritt äußerlich mehr hervor. Beide Muskelköpfe werden in ihrem weiteren, den Schollenmuskel überlagernden Verlauf breiter und dicker, und beide enden abrupt in einer breiten Sehne, die zur Ferse zieht. Kurz oberhalb der Ansatzstelle am Fersenbein verschmilzt diese Sehne mit der des Schollenmuskels und bildet so die dickste und am stärksten vortretende Sehne des menschlichen Körpers, die Achillessehne. Der zweiköpfige Wadenmuskel streckt den Fuß im Verein mit dem Schollenmuskel und hält den Körper im Stehen aufrecht. Wegen seines Ursprungs am Oberschenkelbein wirkt er auch auf das Kniegelenk ein.

Die *Inversion* und *Eversion* des Fußes geschieht im unteren Sprunggelenk. Die dazu notwendige Muskelarbeit wird dabei von denjenigen Unterschenkelmuskeln geleistet, die an den Mittelfußknochen ansetzen. Der vordere Schienbeinmuskel dreht den Fuß nach innen, während der dritte und der kurze Wadenbeinmuskel ihn nach auswärts drehen.

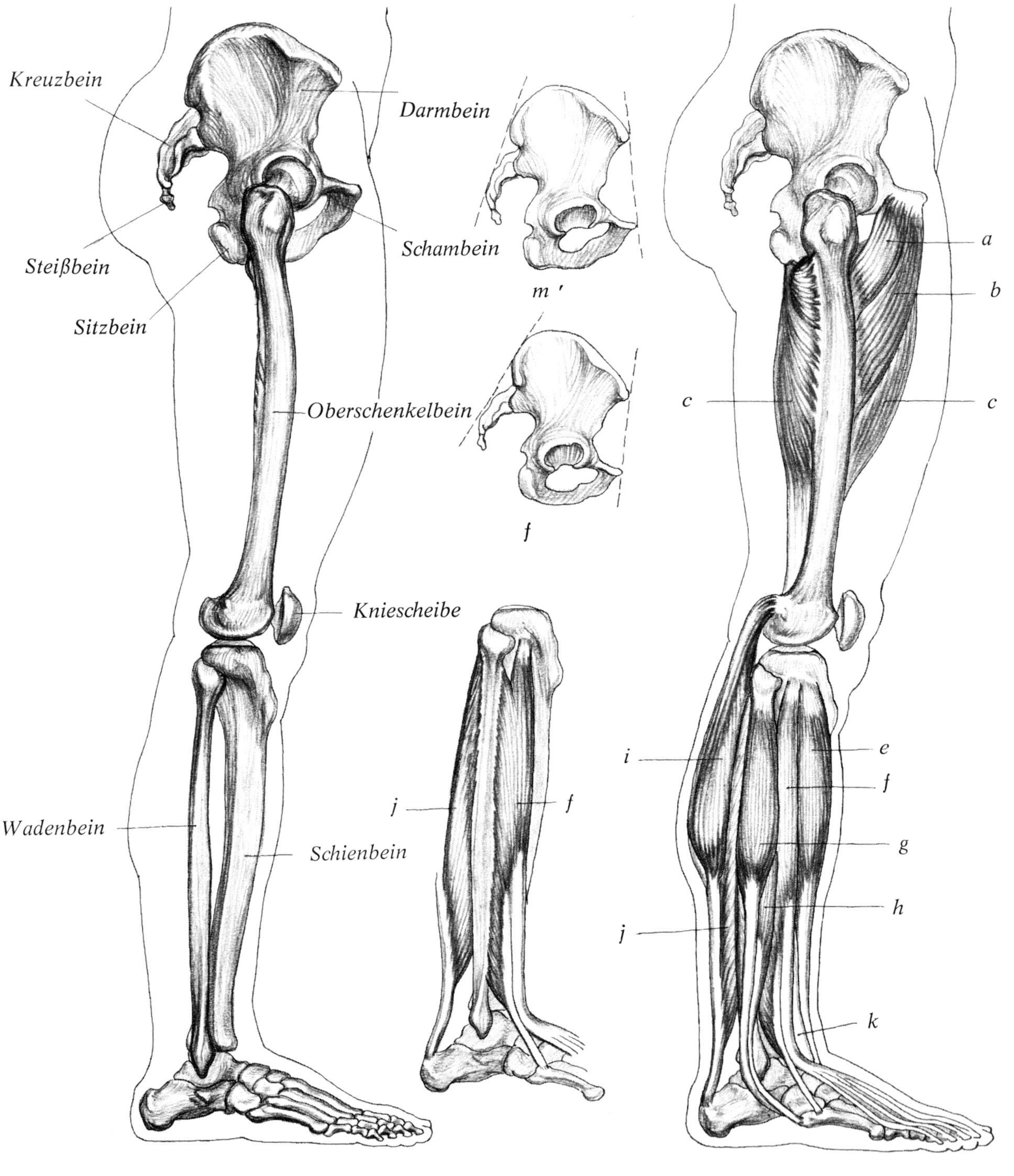

a *pectineus*
b *adductor longus*
c *adductor magnus*
e *tibialis anterior*
f *extensor digitorum longus und peronaeus tertius*
g *peronaeus longus*
h *peronaeus brevis*
i *gastrocnemius*
j *soleus – seine Sehne verbindet sich mit der von i*
k *Sehne des extensor hallucis longus, eines tiefliegenden Muskels, der nicht gezeigt ist*
m' *männliches Becken*
f' *weibliches Becken*

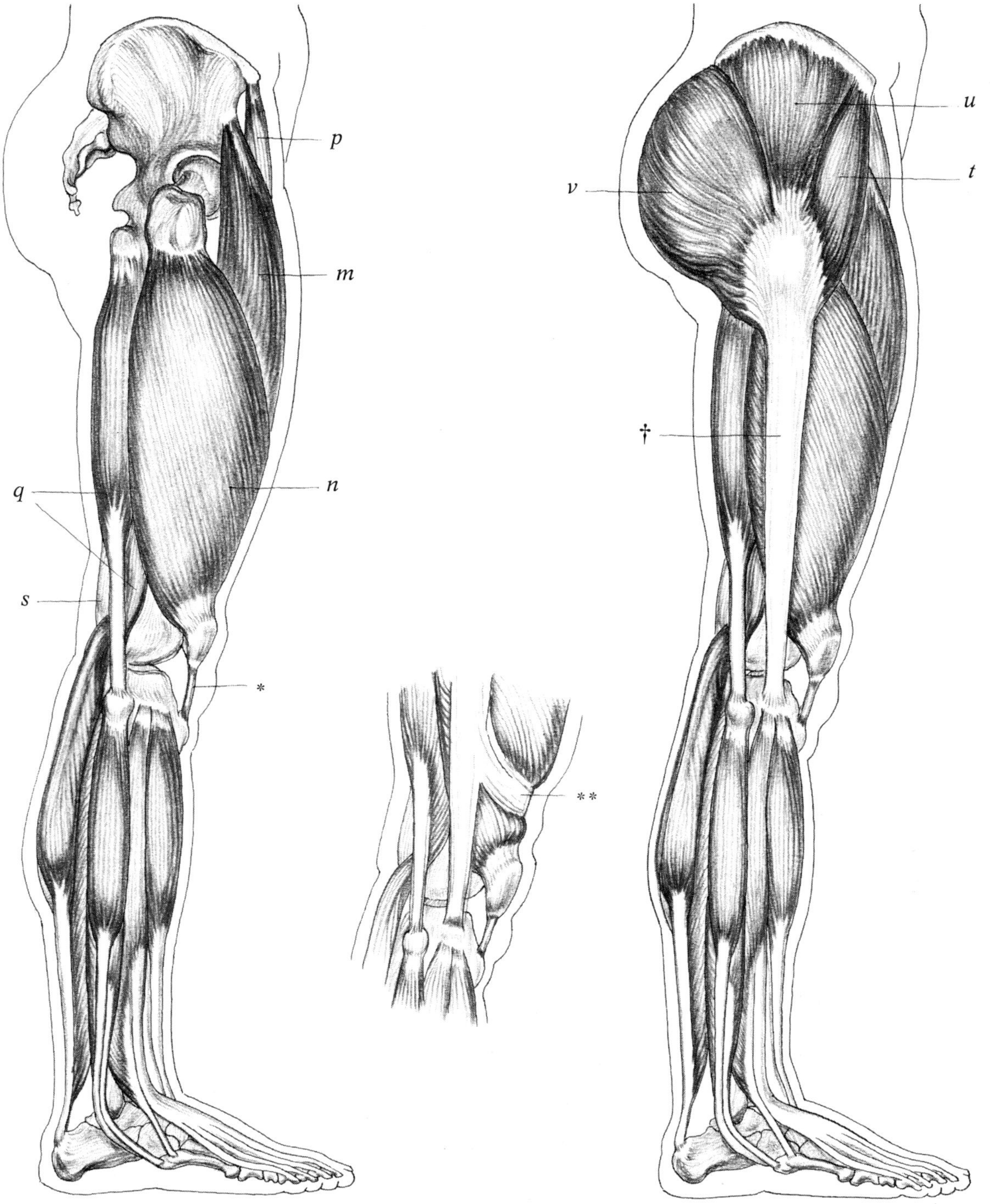

m *rectus femoris*
n *vastus lateralis*
p *sartorius*
q *biceps femoris*
s *semitendinosus*
* *ligamentum patellae*
t *tensor fasciae latae*
u *glutaeus medius, er wird von einer Aponeurose überdeckt, die hier fehlt*
v *glutaeus maximus – die tiefen Fasern seines unteren Abschnitts ziehen zum Oberschenkelbein zwischen den Muskeln q und n*
† *iliotibiales Band, Fortsetzung der weggelassenen fascia lata, er geht hauptsächlich von den Muskeln t und v aus*
** *Bindegewebsband oberhalb des Knies*

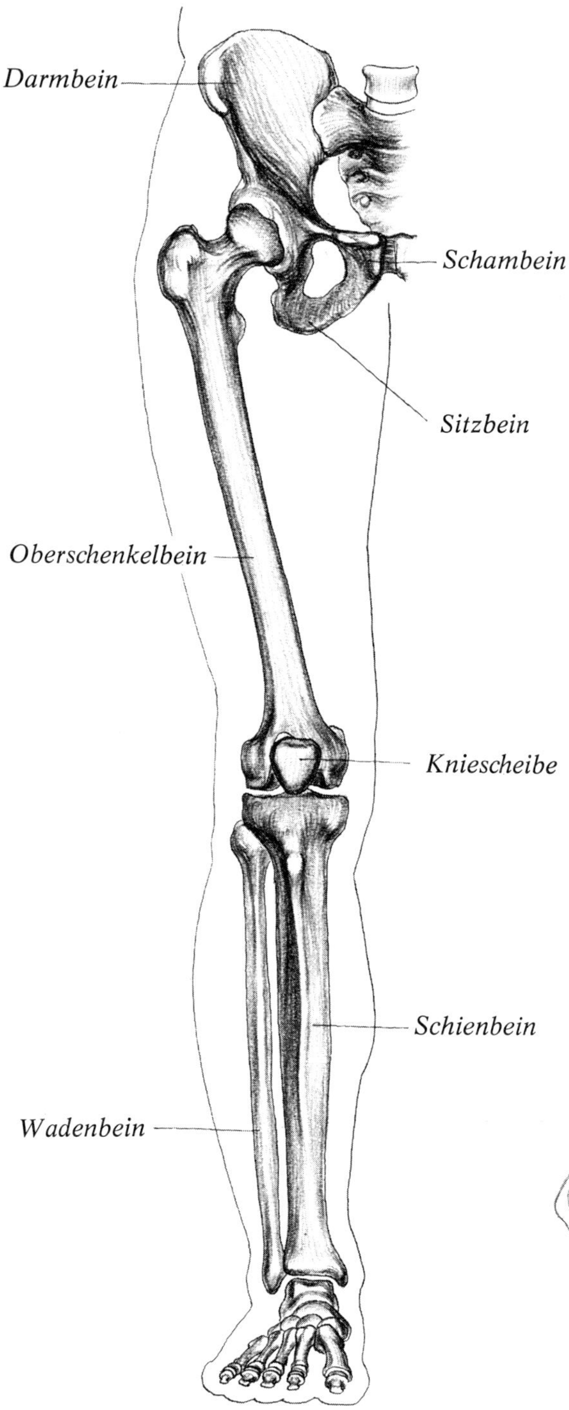

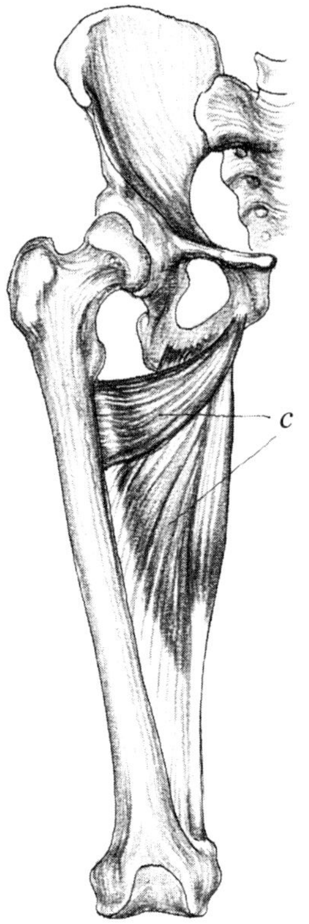

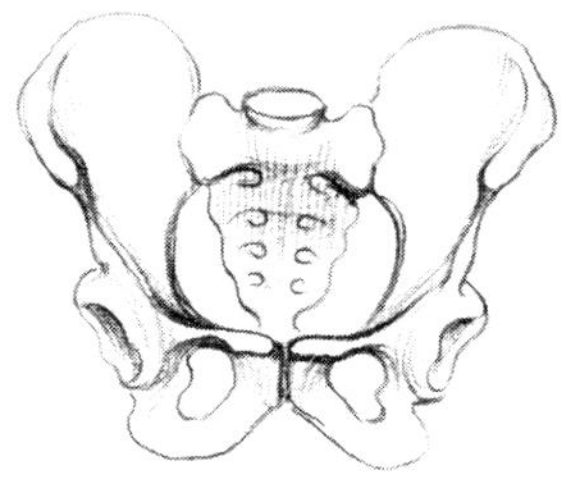
m'

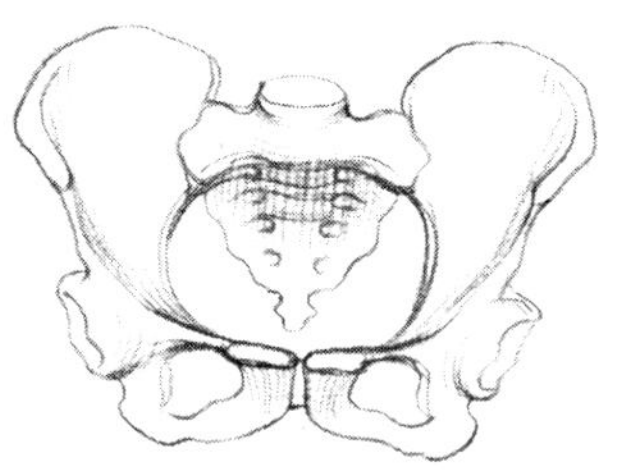
f'

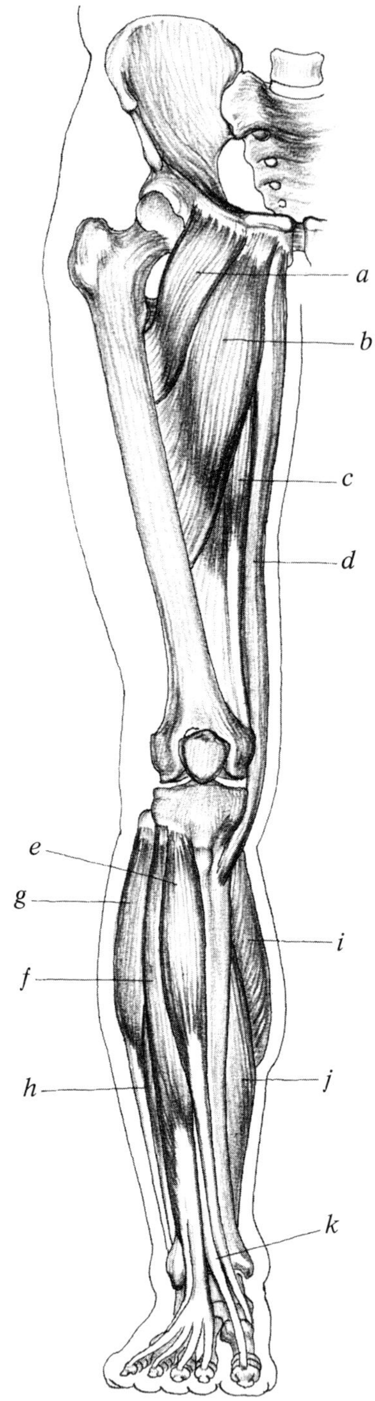

a pectineus
b adductor longus
c adductor magnus
d gracilis
e tibialis anterior
f extensor digitorum longus und peronaeus tertius
g peronaeus longus
h peronaeus brevis
i gastrocnemius
j soleus
k Sehne des extensor hallucis longus, eines tiefliegenden Muskels, der nicht gezeigt ist
m' männliches Becken
f' weibliches Becken

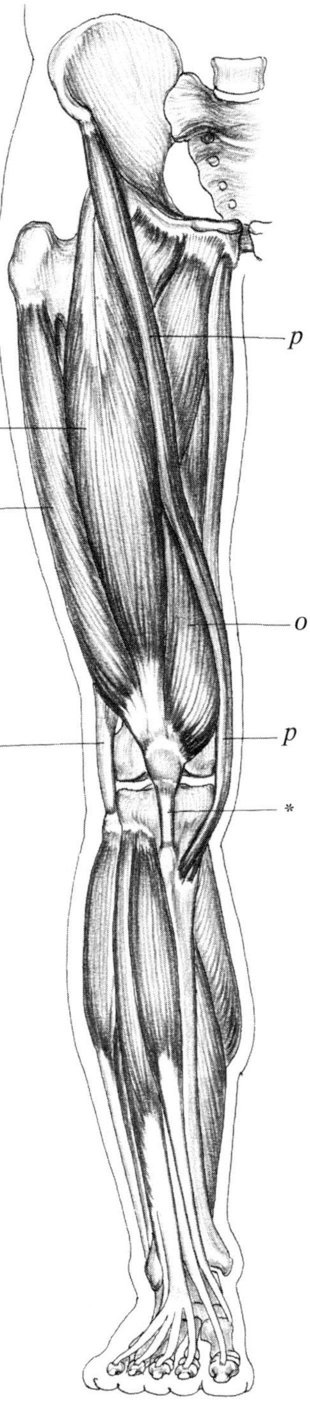

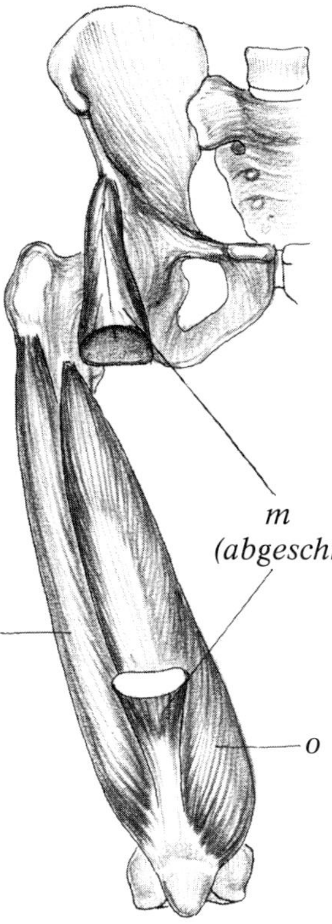

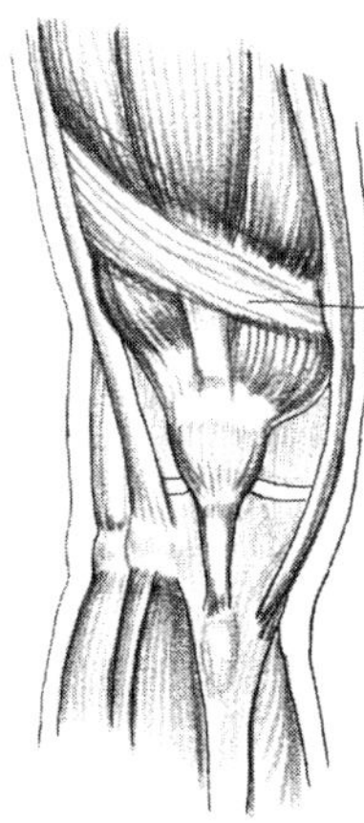

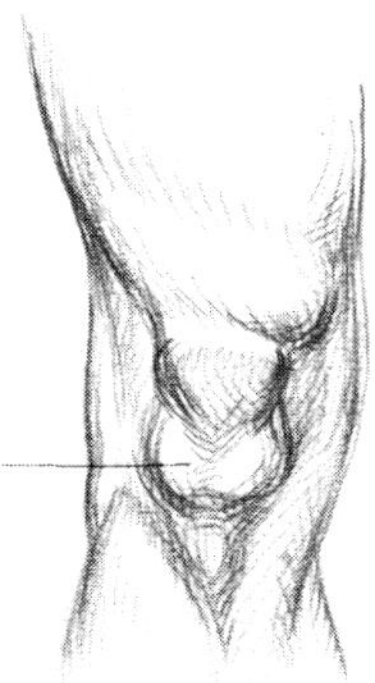

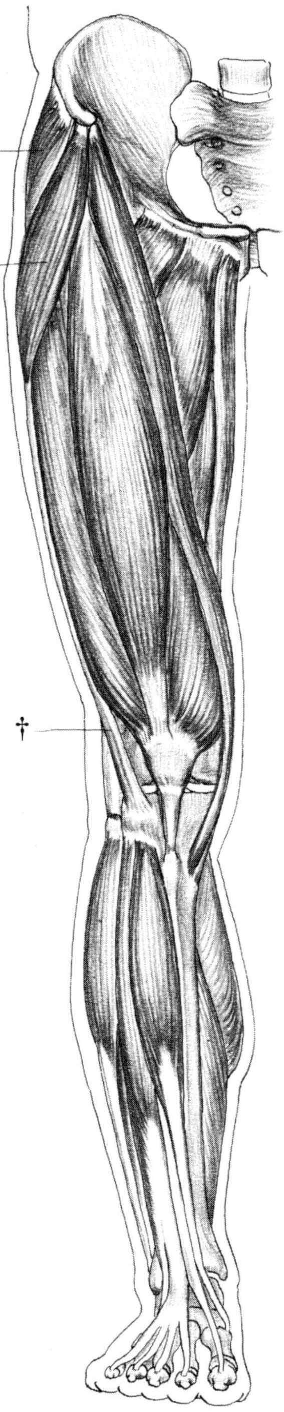

m *rectus femoris*
n *vastus lateralis*
o *vastus medialis*
p *sartorius*
q *biceps femoris*
* *ligamentum patellae*

t *tensor fasciae latae*
u *glutaeus medius*
† *iliotibiales Band*
†† *Fettgewebe*
** *Bindegewebsband oberhalb des Knies und sein Einfluß auf die Oberflächenform*

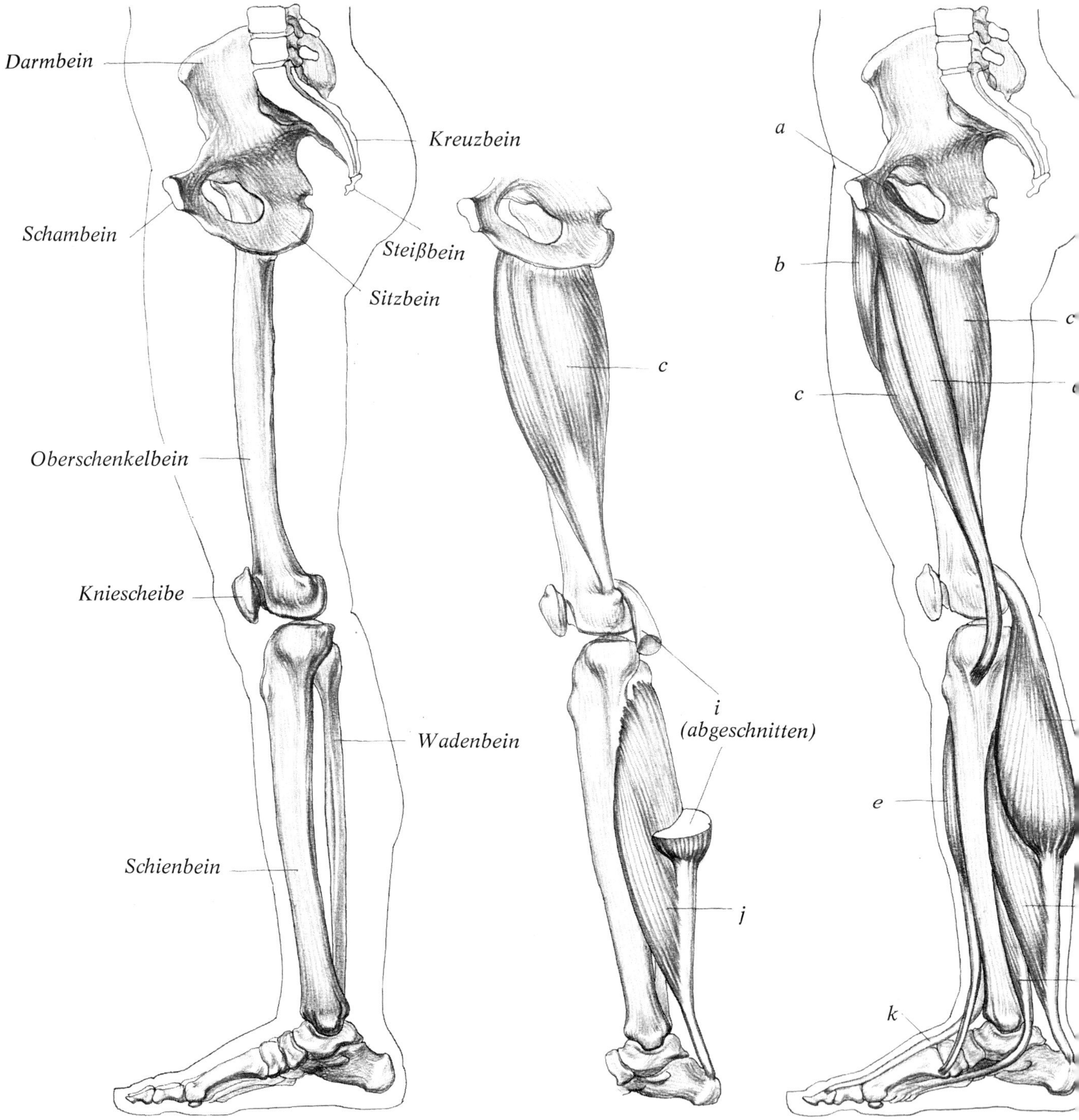

a *pectineus*
b *adductor longus*
c *adductor magnus*
d *gracilis*
e *tibialis anterior*

i *gastrocnemius*
j *soleus – besitzt mit i eine gemeinsame Sehne zur Ferse*
k *Sehne des extensor hallucis longus*
l *flexor digitorum longus*

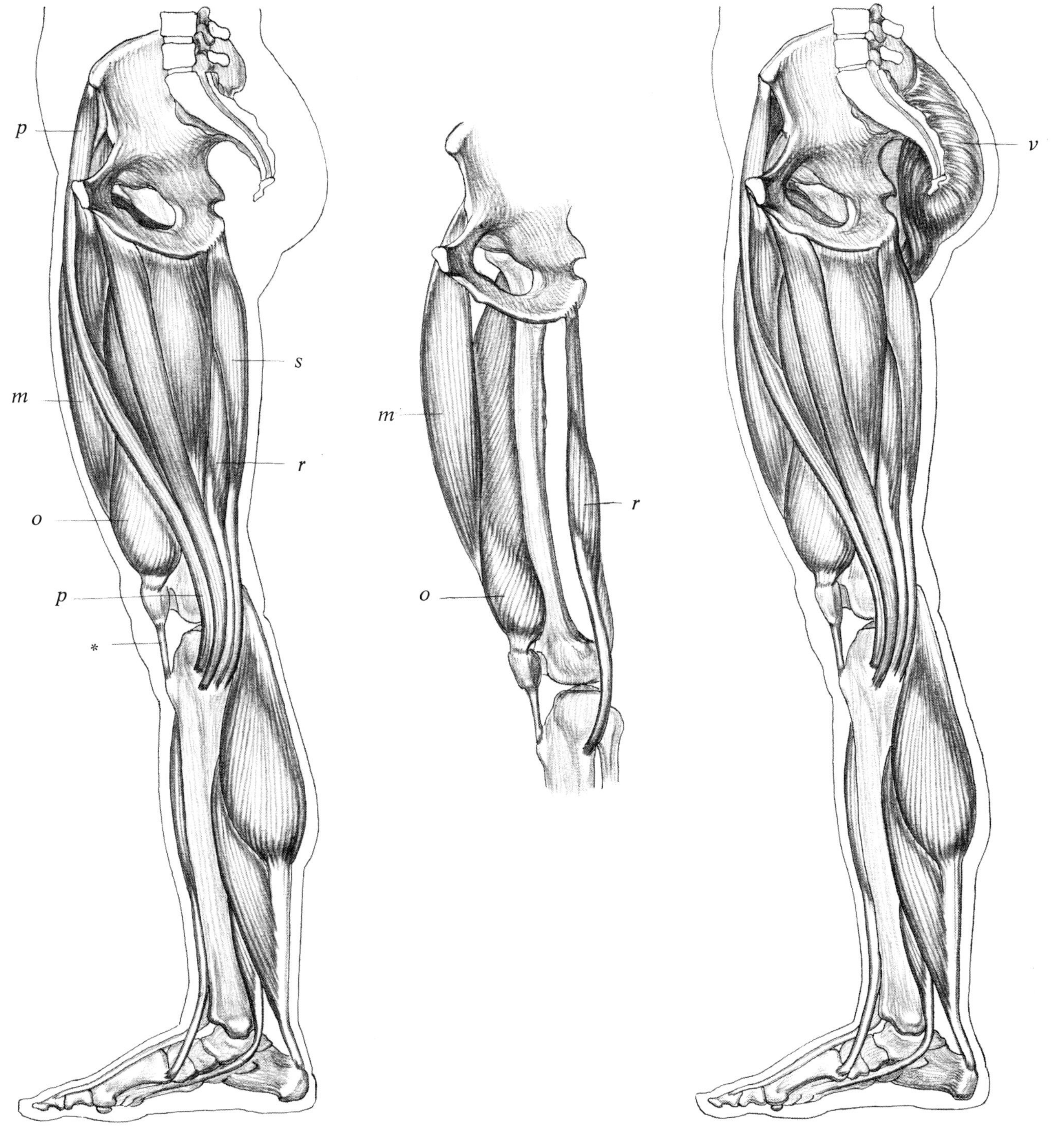

m *rectus femoris*
o *vastus medialis*
p *sartorius*
* *ligamentum patellae*
r *semimembranosus*
s *semitendinosus*
v *glutaeus maximus*

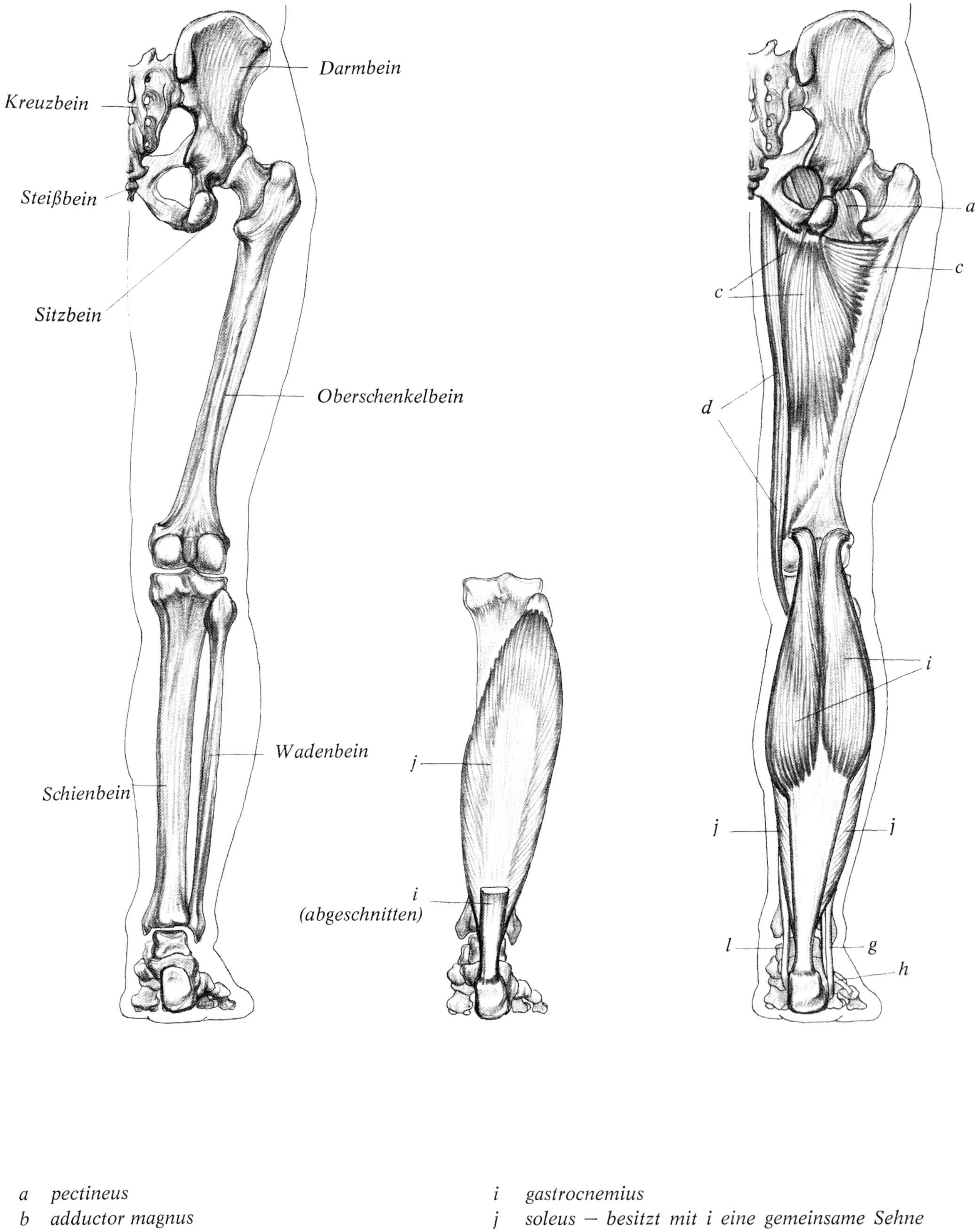

a pectineus
b adductor magnus
d gracilis
g Sehne des peronaeus longus
h Sehne des peronaeus brevis

i gastrocnemius
j soleus – besitzt mit i eine gemeinsame Sehne zur Ferse
l Sehne des flexor digitorum longus

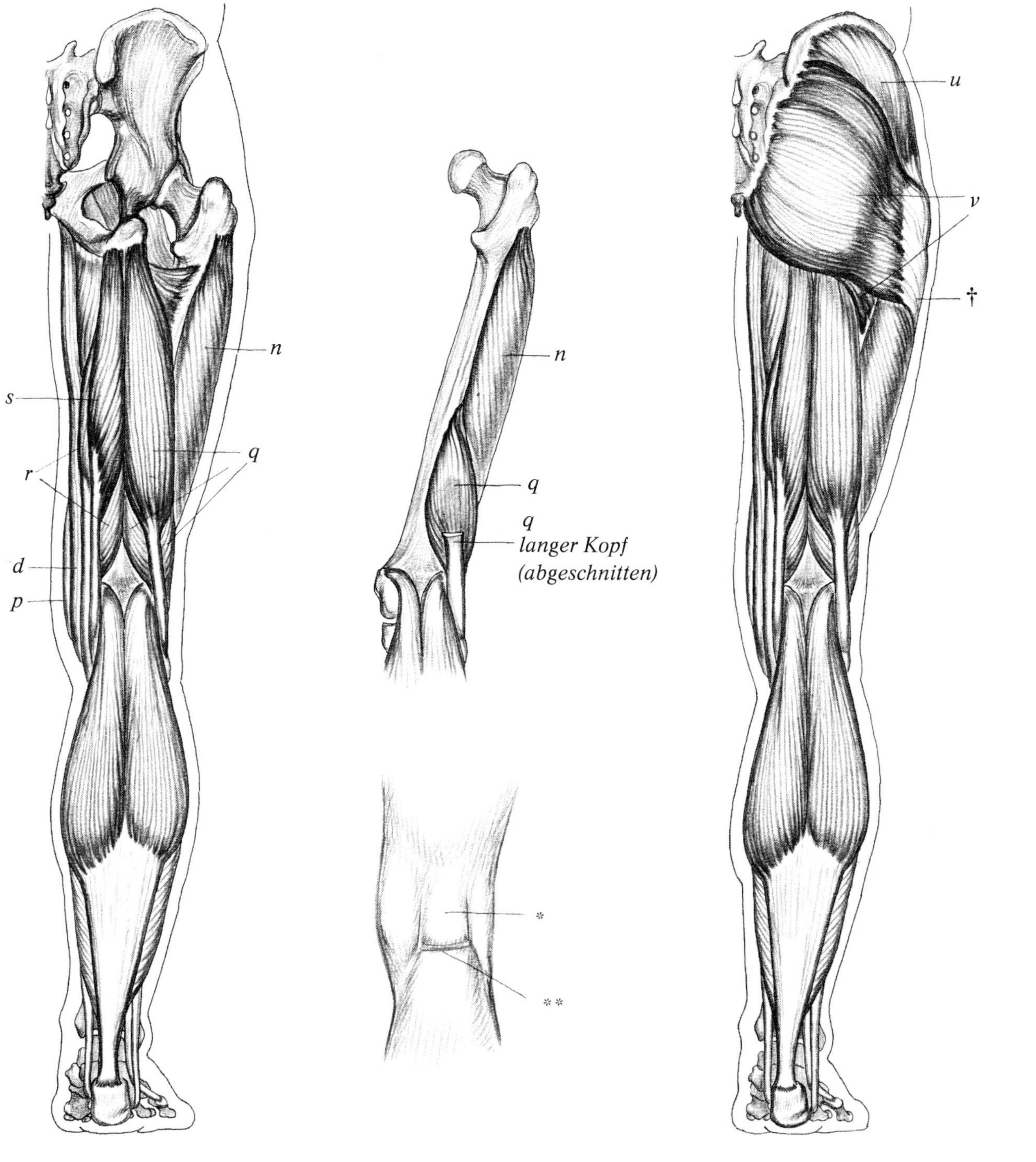

d *gracilis*
n *vastus lateralis*
p *sartorius*
q *biceps femoris*
r *semimembranosus*
s *semitendinosus*

u *glutaeus medius*
v *glutaeus maximus – die tiefen Fasern seines unteren Abschnitts laufen zum femur*
† *iliotibiales Band*
* *Fettgewebe*
** *Hautfalte*

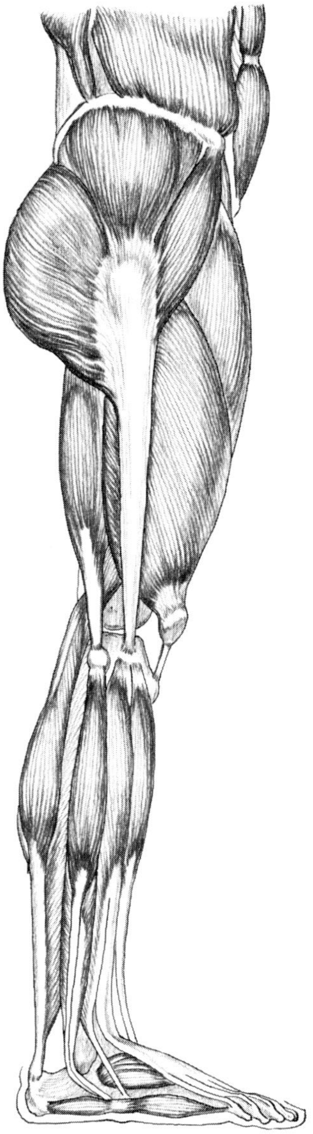

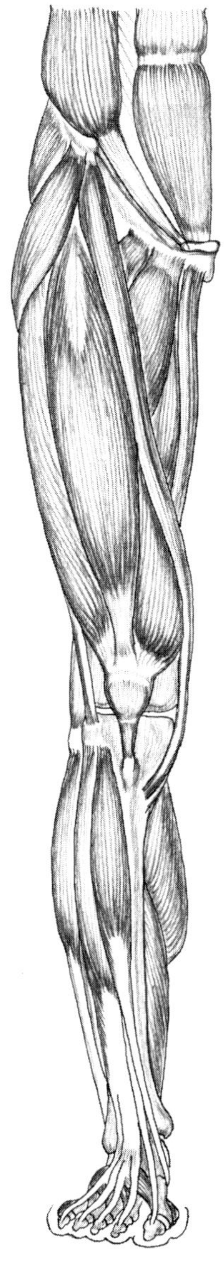

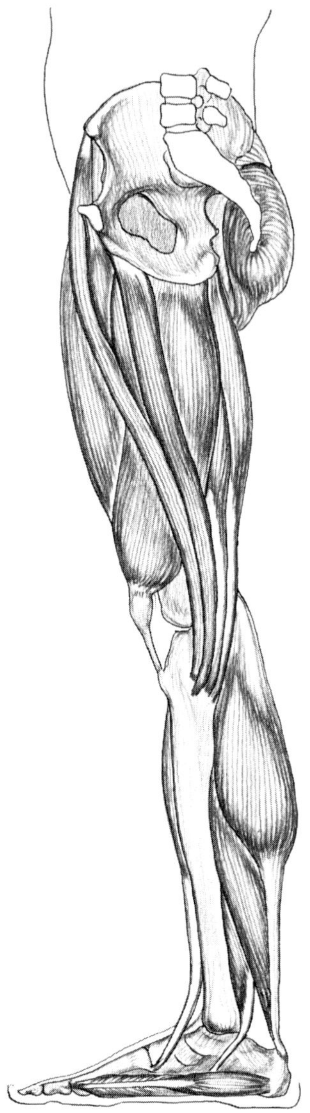

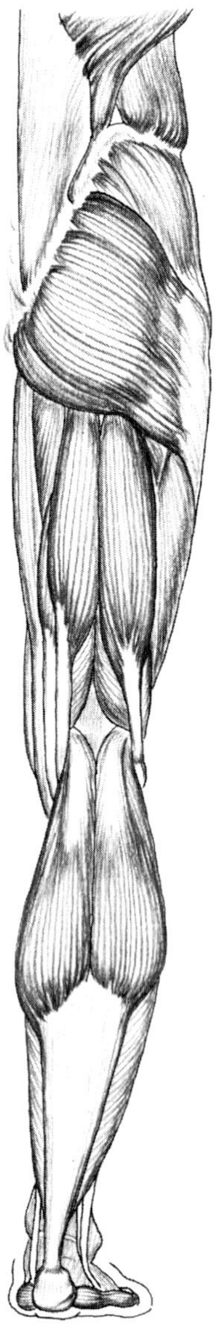

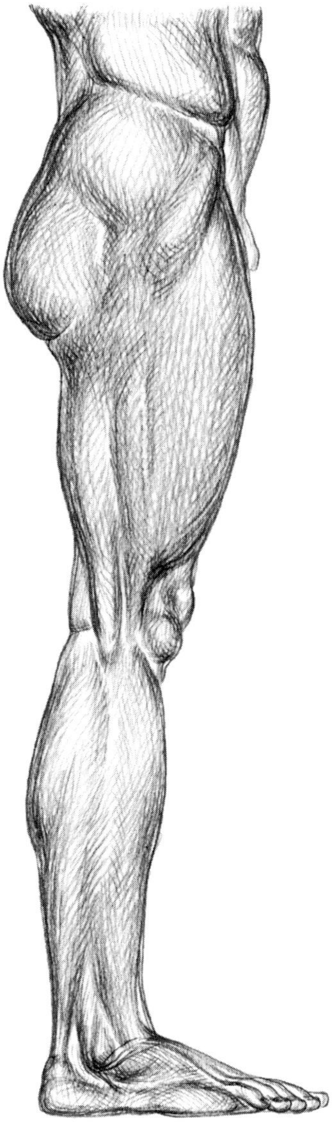

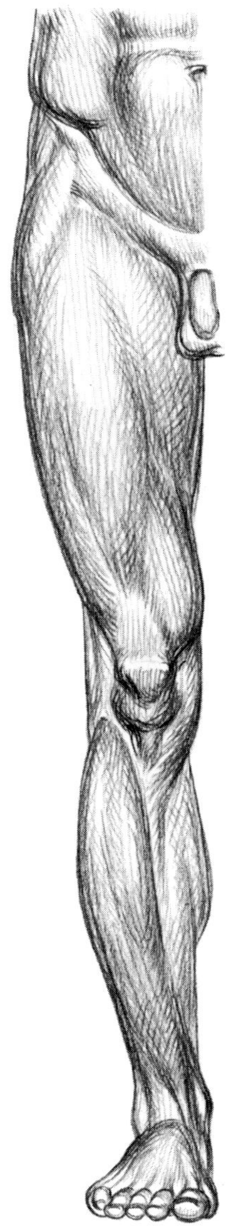

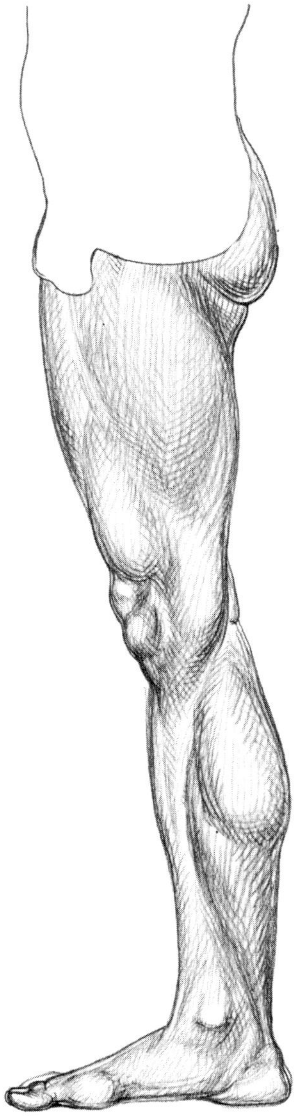

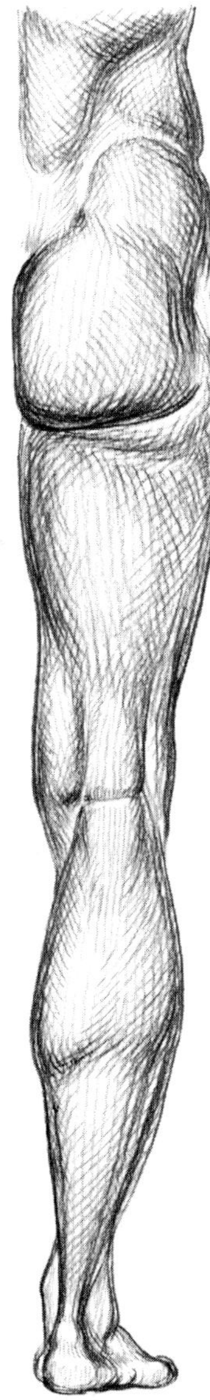

Die Bewegungen der Hüfte

Das Hüftgelenk ist ein Kugelgelenk, dessen hauptsächliche Bewegungen im Beugen (Vorwärtsbewegen des Beines), Strecken (Rückwärtsbewegen des Beines), Spreizen (Seitwärtsbewegen des Beines) und Heranziehen des Beines zur Körpermitte hin bestehen. Die weniger wichtige Bewegung der *Rotation* um die Gelenkachse ist in den folgenden Bildern nicht dargestellt.

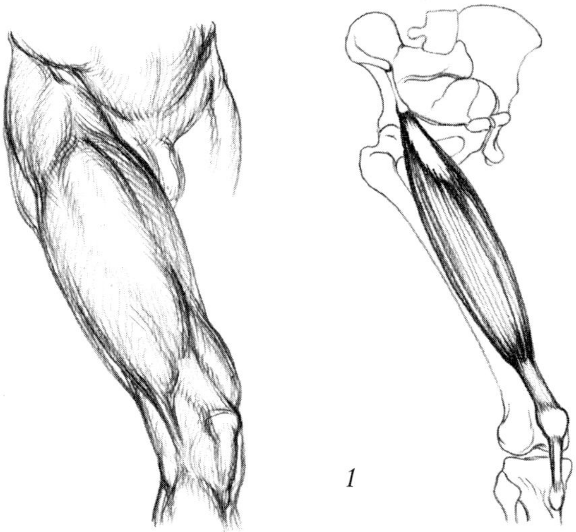

1

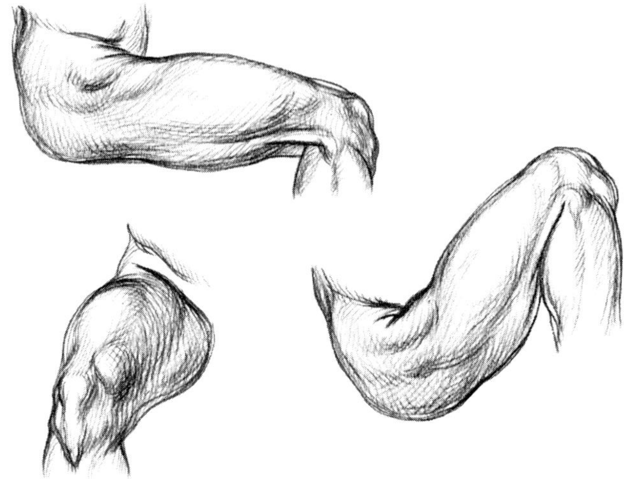

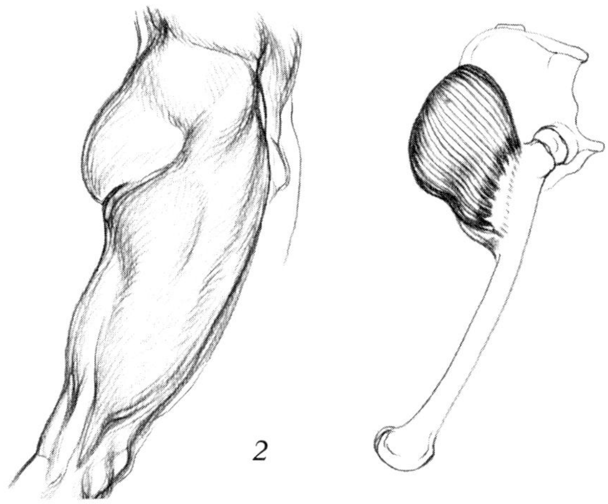

2

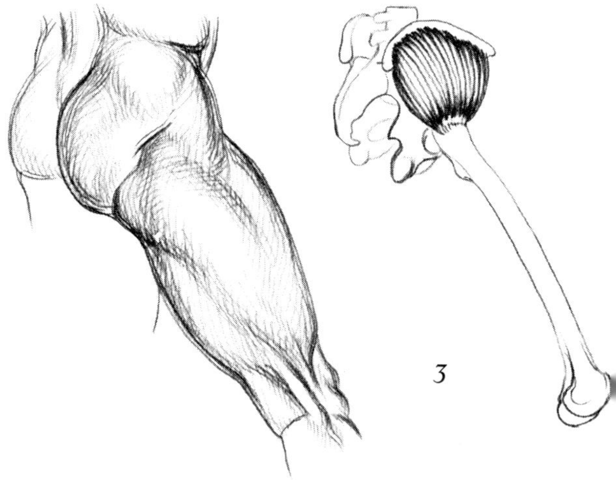

3

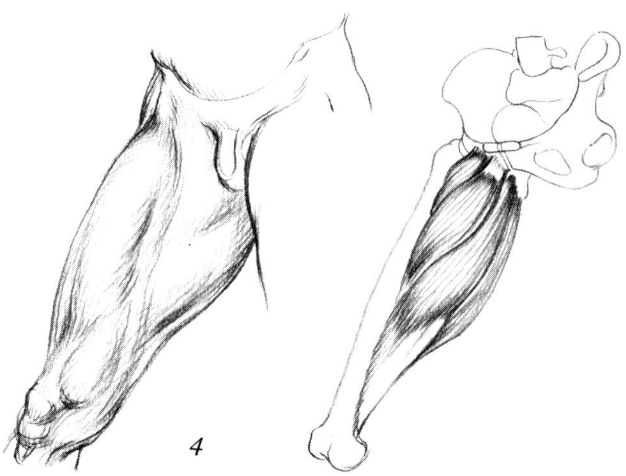

4

1 *Beugung: rectus femoris – Beugen ist die freieste Bewegung, deren das Hüftgelenk fähig ist, allerdings muß das Knie gleichzeitig gebeugt werden, damit sie uneingeschränkt erfolgen kann*

2 *Streckung: glutaeus maximus – die Bewegung ist durch ein vor dem Hüftgelenk verlaufendes starkes Band eingeschränkt, das weder hier noch in einer anderen Bildtafel eingezeichnet ist – es fixiert das Gelenk beim Stehen*

3 *Wegführen: glutaeus medius*

4 *Heranziehen: adductor magnus, adductor longus und pectineus*

Die Bewegungen des Knies

Das Knie ist ein Scharniergelenk. In ihm läßt sich der Unterschenkel beugen und strecken. In gestreckter Stellung ist das Gelenk durch die umgebenden Bänder fixiert.

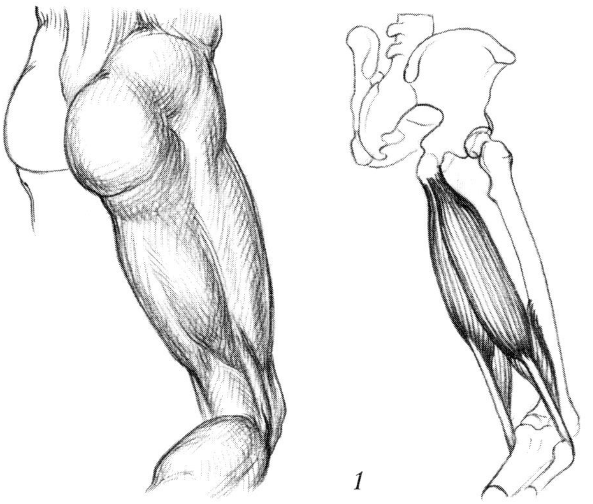

1

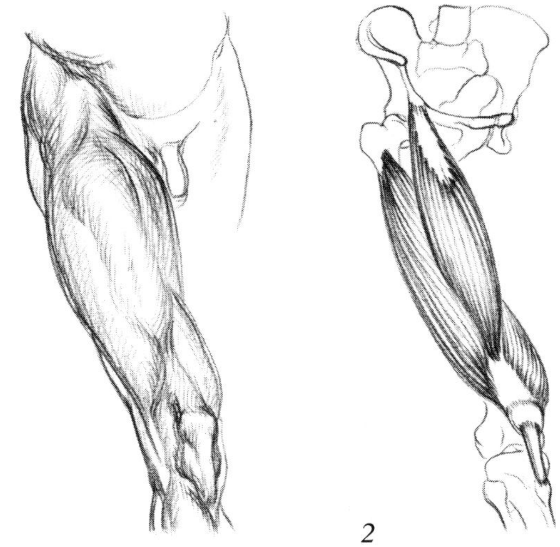

2

1 *Beugung: semitendinosus, semimembranosus und biceps femoris*

2 *Streckung: rectus femoris, vastus lateralis, vastus medialis – die Sehnen dieser Muskeln ziehen vereint zur Kniescheibe, sie überträgt den Muskelzug auf das Kniescheibenband, das am Unterschenkel ansetzt*

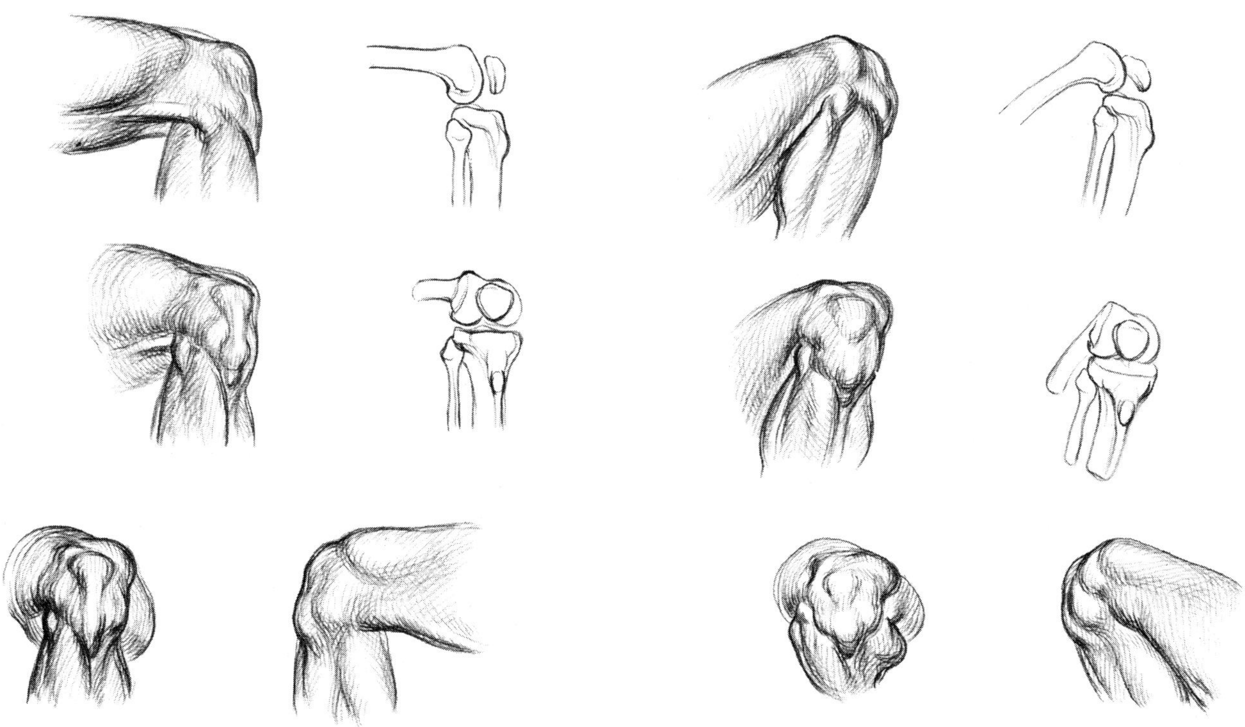

Die Bewegungen des Sprunggelenks

Man kann ein oberes und ein unteres Sprunggelenk unterscheiden. Das obere Sprunggelenk ist ein Scharniergelenk, das Beugung (Hebung des Vorderfußes) und Streckung (Hebung der Ferse) gestattet. Die leichten seitlichen Bewegungen der *Inversion und Eversion* sind nicht Funktionen dieses Gelenks, sondern geschehen im unteren Sprunggelenk.

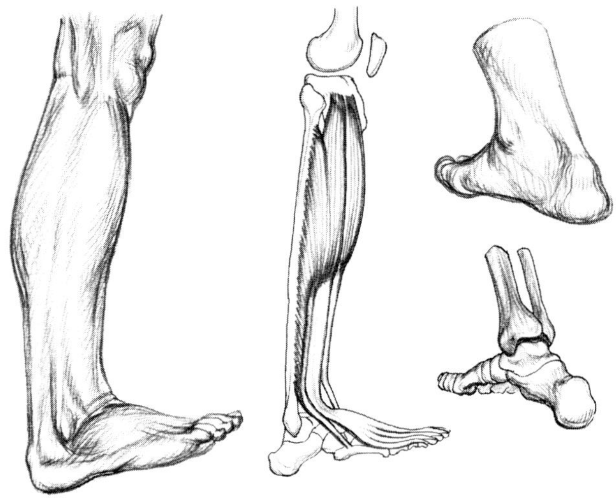

1 *Beugung: tibialis anterior, extensor digitorum longus und peronaeus tertius*

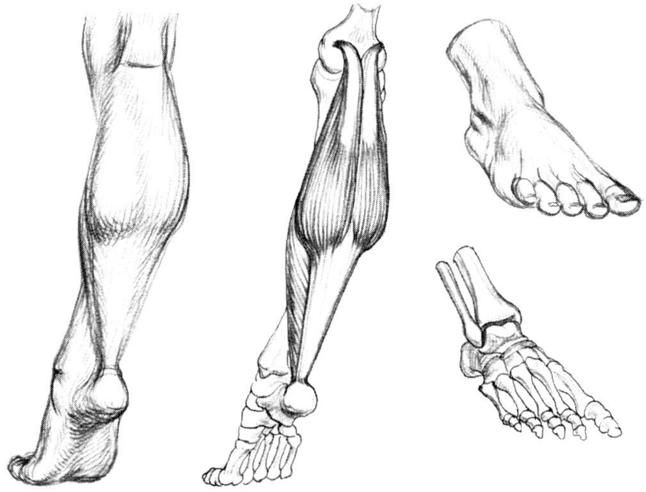

2 *Streckung: gastrocnemius und soleus*

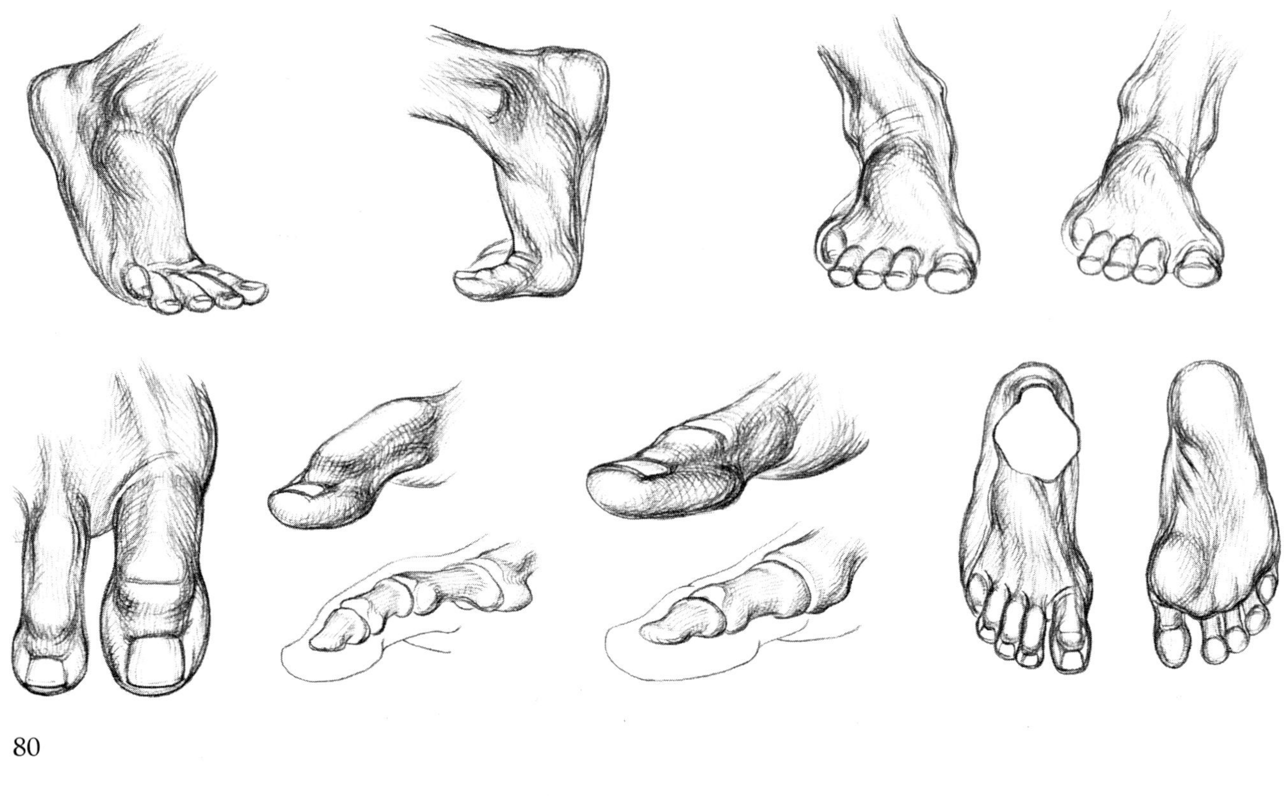

Der Fuß

Der Bau des Fußes unterscheidet sich von dem der Hand in folgenden wichtigen Punkten: Da der Fuß in erster Linie das Körpergewicht zu tragen hat, ist er in Form von zwei Gewölben gebaut, dem Längsgewölbe von der Ferse zum Ballen und dem Quergewölbe der Fußmitte. Die Zehenglieder sind im Vergleich zu den Fingergliedern kurz und – mit Ausnahme der Großzehe – auch graziler. Die Bewegungen im Knöchelgelenk und die Bewegungen der Zehen sind im Vergleich zu den Bewegungen der entsprechenden Teile der Hand sehr stark eingeschränkt.

Die Knochen des Fußes

Die Knochen des Fußes werden in drei Gruppen eingeteilt: in die Fußwurzelknochen, die Mittelfußknochen und die Zehenknochen.

Es gibt sieben Fußwurzelknochen, von denen nur einer mit den Unterschenkelknochen gelenkig verbunden ist. Dieser Fußwurzelknochen hat an seiner Oberseite einen Vorsprung, der einem Walzenausschnitt ähnelt und der in die Aussparung am unteren Ende des Schienbeins eingelassen ist. Der Fortsatz des Schienbeins (der den inneren Knöchel bildet) und das untere Ende des Wadenbeins verlaufen beiderseits dieser Walze und bilden eine Art Knöchelgabel, in der Bewegungen nur nach vorwärts und rückwärts möglich sind. Dieser Fußwurzelknochen liegt seinerseits auf dem Fersenbein, welches die Ferse bildet. Das Fersenbein ist der größte der Fußwurzelknochen. Es hält dem Druck des Körpergewichts am Ende des Längsgewölbes stand. Die übrigen fünf Fußwurzelknochen sind klein und bilden zusammen mit den Mittelfußknochen den Scheitel des Gewölbes mit Hilfe federnd nachgiebiger Stoßfugen. Leichte Bewegungen sind zwischen allen Fußwurzel- und Mittelfußknochen möglich, so daß die Stöße des Gehens und Springens nicht auf eine starre Konstruktion treffen, sondern elastisch aufgefangen und verteilt werden.

Die fünf Mittelfußknochen sind langgestreckt und entsprechen den Mittelhandknochen. Sie schließen an die Gruppe der kleinen, mehr oder weniger quaderförmigen Fußwurzelknochen an und bilden den vorderen Teil sowohl des Längs- als auch des Quergewölbes des Fußes. Die oberen Enden der Mittelfußknochen haben an ihren Berührungspunkten miteinander und mit den Fußwurzelknochen leicht gebogene Gelenkflächen, die nur eine eingeschränkte Gleitbewegung zulassen. Die Mittelfußknochen sind vorwärts und leicht abwärts gerichtet, und ihre freien Enden werden durch ein starkes Querband in der richtigen Lage zueinander festgehalten.

Der Mittelfußknochen der großen Zehe ist viel dicker als der entsprechende Mittelhandknochen des Daumens, hat aber viel weniger Bewegungsfreiheit, da er durch Bänder fixiert ist. Die Mittelfußknochen der übrigen Zehen unterscheiden sich von den Mittelhandknochen dadurch, daß sie einander parallel und dünner als die Mittelhandknochen sind. Jeder Mittelfußknochen hat am unteren Ende ein glattes, rundes Köpfchen, das in die Höhlung des Grundgliedes der entsprechenden Zehe eingreift. In diesen Gelenken sind Beugung, Streckung und Spreizung der Zehen möglich.

Jede der kleinen Zehen hat drei Glieder, die Großzehe hat deren zwei. Sie ähneln in ihrem Bau den Fingern, nur sind die Zehenknochen kürzer und – mit Ausnahme der Großzehe – auch dünner als die Fingerknochen. Die Zehengelenke sind echte Scharniergelenke, jedes Glied endet in zwei gerundeten Gelenkvorsprüngen, die in zwei entsprechende Höhlungen im anschließenden Zehenglied eingelassen sind, so daß eine seitliche Bewegung ausgeschlossen ist. Das Endglied ist jeweils abgeflacht und trägt den Zehennagel.

Zwei sehr kleine runde Knochen, die in den Bildtafeln unterhalb des Mittelfußknochens der Großzehe eingezeichnet sind, sind Sesambeine. Sie sind in Sehnen eingelagert, die in den Bildtafeln jedoch nicht erscheinen, und dienen zur Verstärkung und mechanischen Festigung der Sehne an einer Knickstelle. Sesambeine gibt es auch sonst im Körper; auch die Kniescheibe wird gewöhnlich als ein Sesambein angesehen, da sie in Sehnen eingelagert ist und vor einem Gelenk liegt.

Die Muskeln des Fußes

Mit einer einzigen Ausnahme sind die Fußmuskeln sämtlich entweder zwischen den Mittelfußknochen gelegen, wo sie äußerlich nicht sichtbar sind, oder sie befinden sich an der Unterseite des Fußes, wo sie durch sehr dicke Polster aus fasrigem Gewebe verdeckt sind. Nur diejenigen Muskeln, die an den Fußseiten oder auf dem Fußrücken liegen, sind in die Bildtafeln eingezeichnet. Die Muskeln keines anderen Körperteils sind also so unvollständig in Text und Bild dieses Buches dargestellt worden wie die Muskeln des Fußes.

Die hauptsächlichen Streckmuskeln der Zehen befinden sich im Unterschenkel; es sind dies der lange Zehenstrecker für die kleineren Zehen und der lange Großzehenstrecker. Hilfestellung leistet diesem Muskel der kurze Zehenstrecker *(extensor digitorum brevis)*, ein Fußmuskel, der am Fersenbein unterhalb des äußeren Knöchels entspringt und mit vier Endsehnen an alle Zehen, außer der kleinen Zehe, ansetzt. Der Muskel ist äußerlich sehr selten sichtbar.

Die Zehenbeuger sind der lange Zehenbeuger, ein Muskel der hinteren Muskelgruppe des Unterschenkels, sowie eine Muskelgruppe an der Unterseite des Fußes, von der nur ein Muskel eingezeichnet ist. Dieser, der kurze Großzehenbeuger *(flexor hallucis brevis)* entspringt an der Unterseite eines Fußwurzelknochens. Sein Muskelbauch befindet sich unter dem Vorderteil des Längsgewölbes und ist an der Innenseite des Fußes sichtbar. Seine Sehne setzt am Grundglied der Großzehe an und bewirkt die Beugung dieser Zehe.

Ebenfalls am Innenrand des Fußes, aber unter dem rückwärtigen Teil des Längsgewölbes gelegen ist der Großzehenabzieher *(abductor hallucis)*. Er entspringt am Fersenbein. Zusammen mit dem kurzen Großzehenbeuger scheint sein Bauch einen einzigen Muskel zu bilden. Er endet in einer langen Sehne, die am ersten Glied der Großzehe ansetzt. Er spreizt die Großzehe von der zweiten Zehe ab. Am äußeren Fußrand ist der Abzieher der Kleinzehe *(abductor digiti quinti)* zu sehen. Dieser Muskel entspringt am Fersenbein und zieht zum Grundgelenk der kleinen Zehe. Im Verlauf dieses Muskels findet sich eine Einschnürung seines Muskelbauches an der Basis des Mittelfußknochens der kleinen Zehe, die äußerlich zur Bildung zweier Polster führt, wovon eines an der Außenseite der Ferse und das zweite größere und vorgeschobene an der Außenseite des Kleinzehenballens liegt. Er spreizt die kleine Zehe.

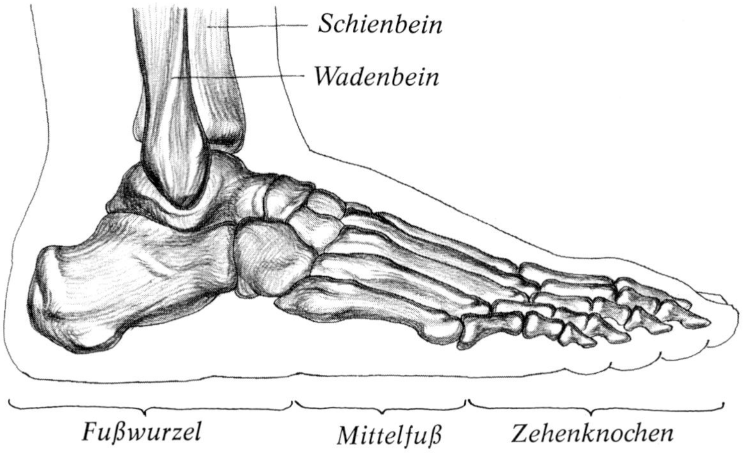

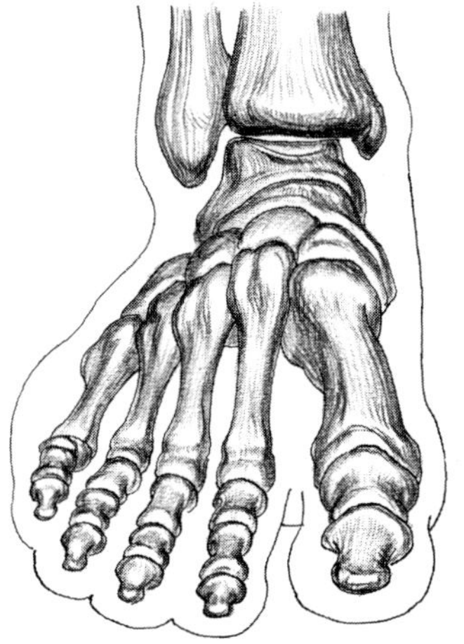

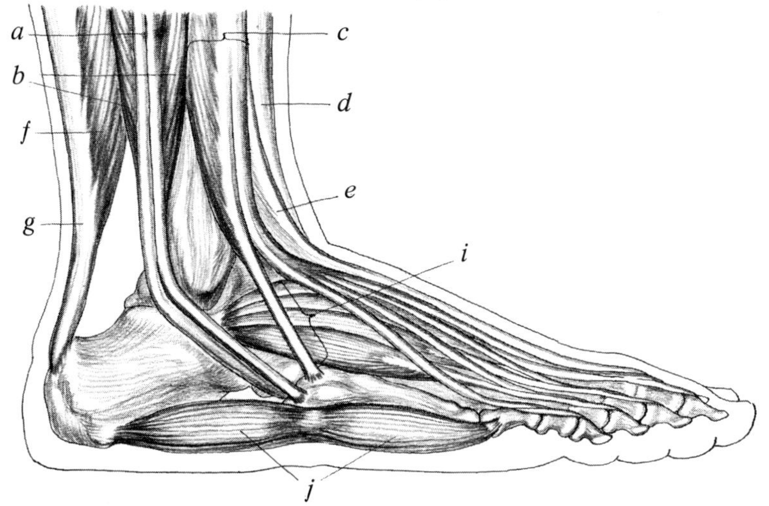

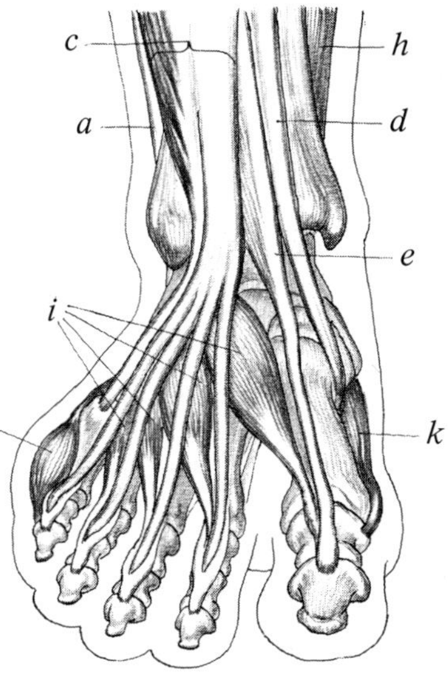

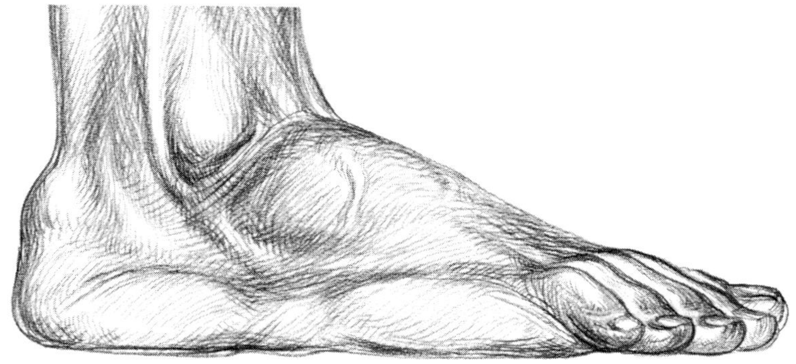

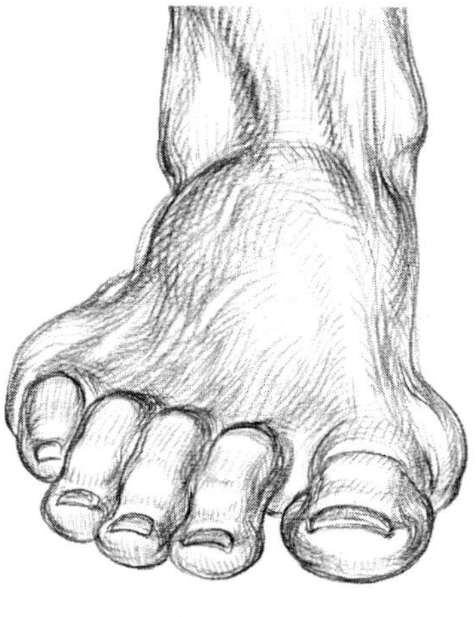

a *Sehne des peronaeus longus – sie zieht an der Fußsohle zur Basis des ersten Mittelfußknochens*
b *peronaeus brevis*
c *extensor digitorum longus und peronaeus tertius*
d *tibialis anterior*
e *extensor hallucis longus*
f *soleus*
g *Sehne des gastrocnemius*
h *flexor digitorum longus*
i *extensor digitorum brevis*
j *abductor digiti quinti*
k *abductor hallucis und flexor hallucis brevis*

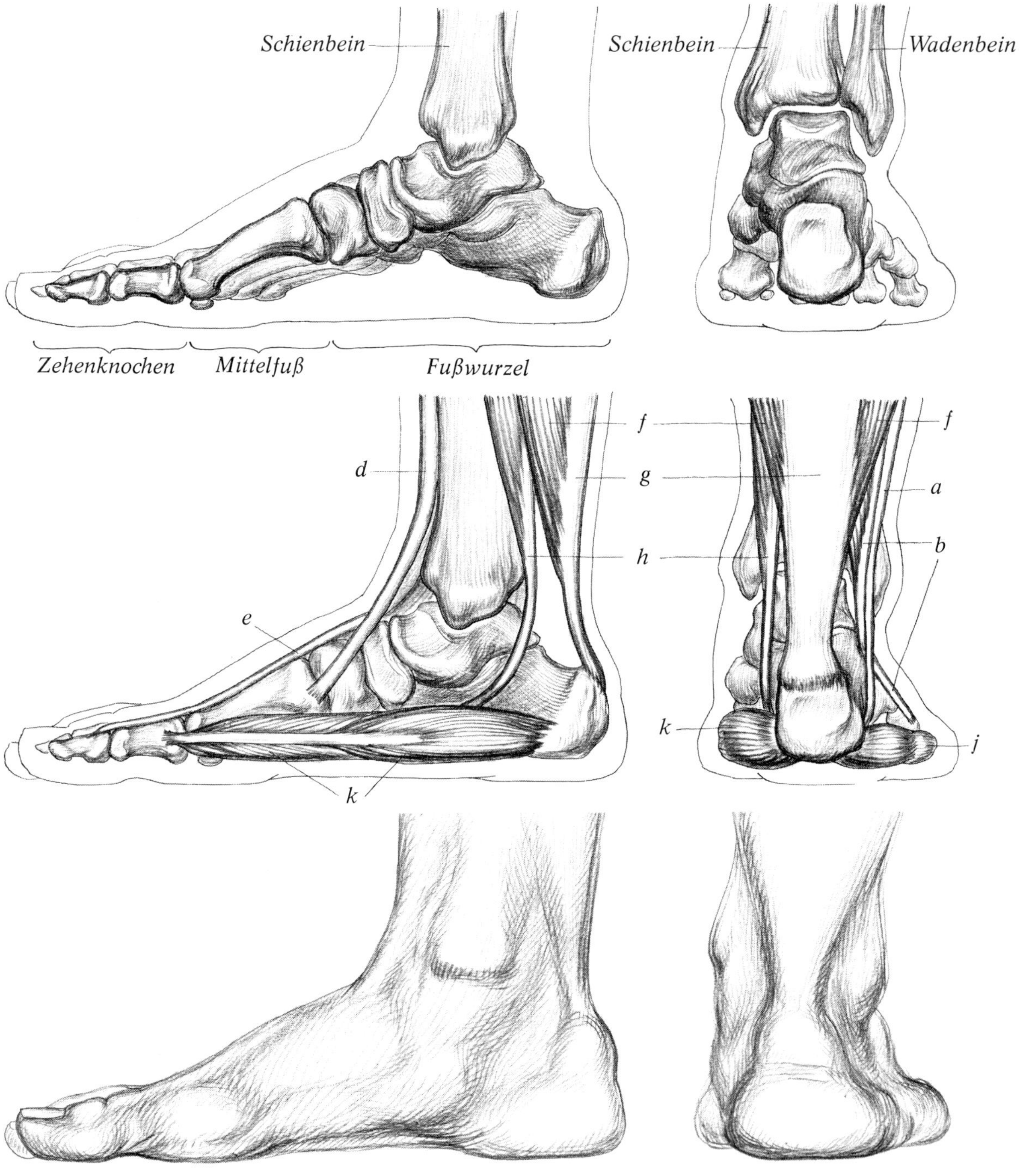

a Sehne des peronaeus longus – zieht an der Fußsohle zur Basis des ersten Mittelfußknochens
b peronaeus brevis
d tibialis anterior
e extensor hallucis longus
f soleus
g Sehne des gastrocnemius
h flexor digitorum longus – zieht an der Fußsohle entlang und setzt mit 4 Sehnenenden an die Endglieder der 2., 3. und 4. Zehe an
j abductor digiti quinti
k abductor hallucis und flexor hallucis brevis

Verschiedene Skizzen

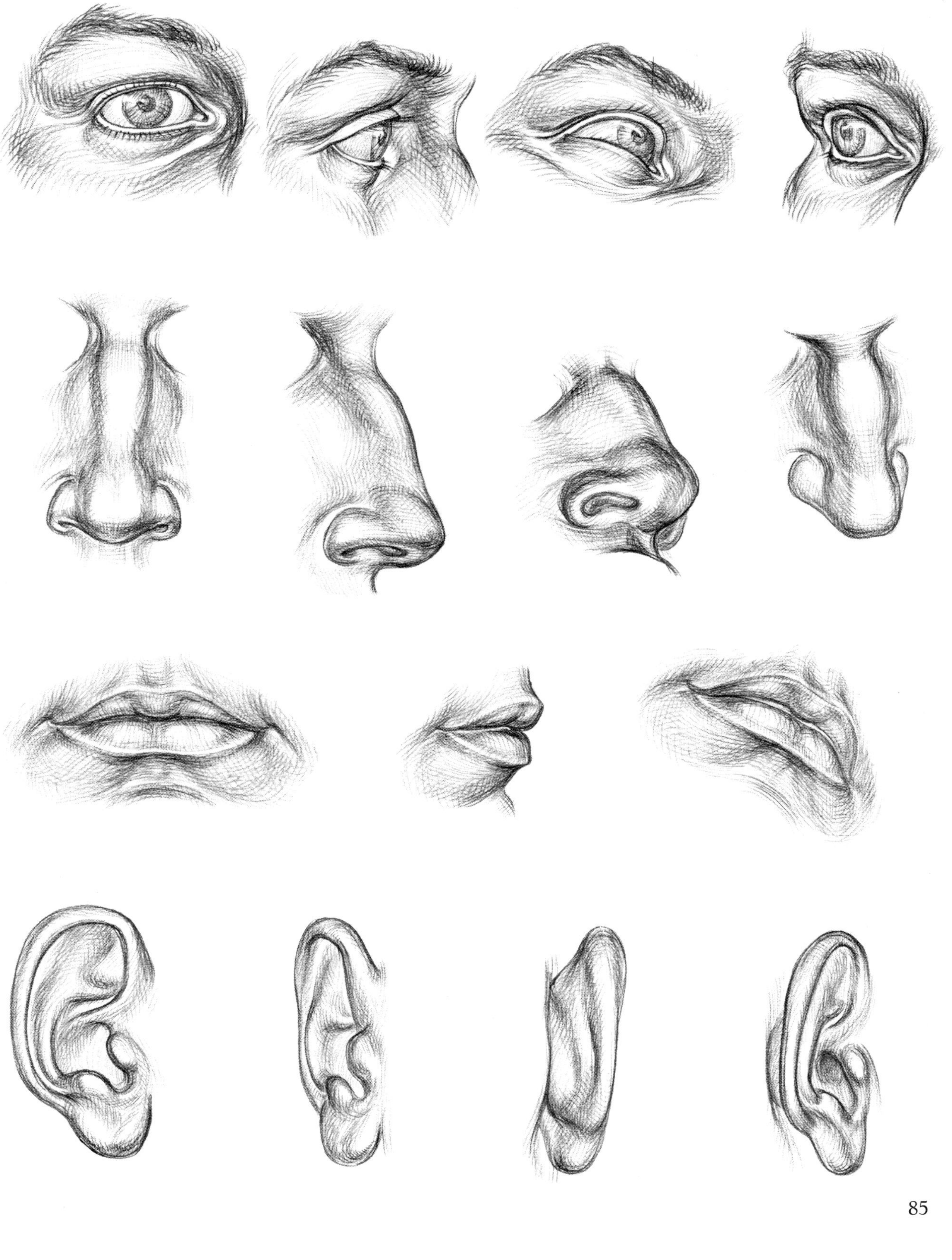

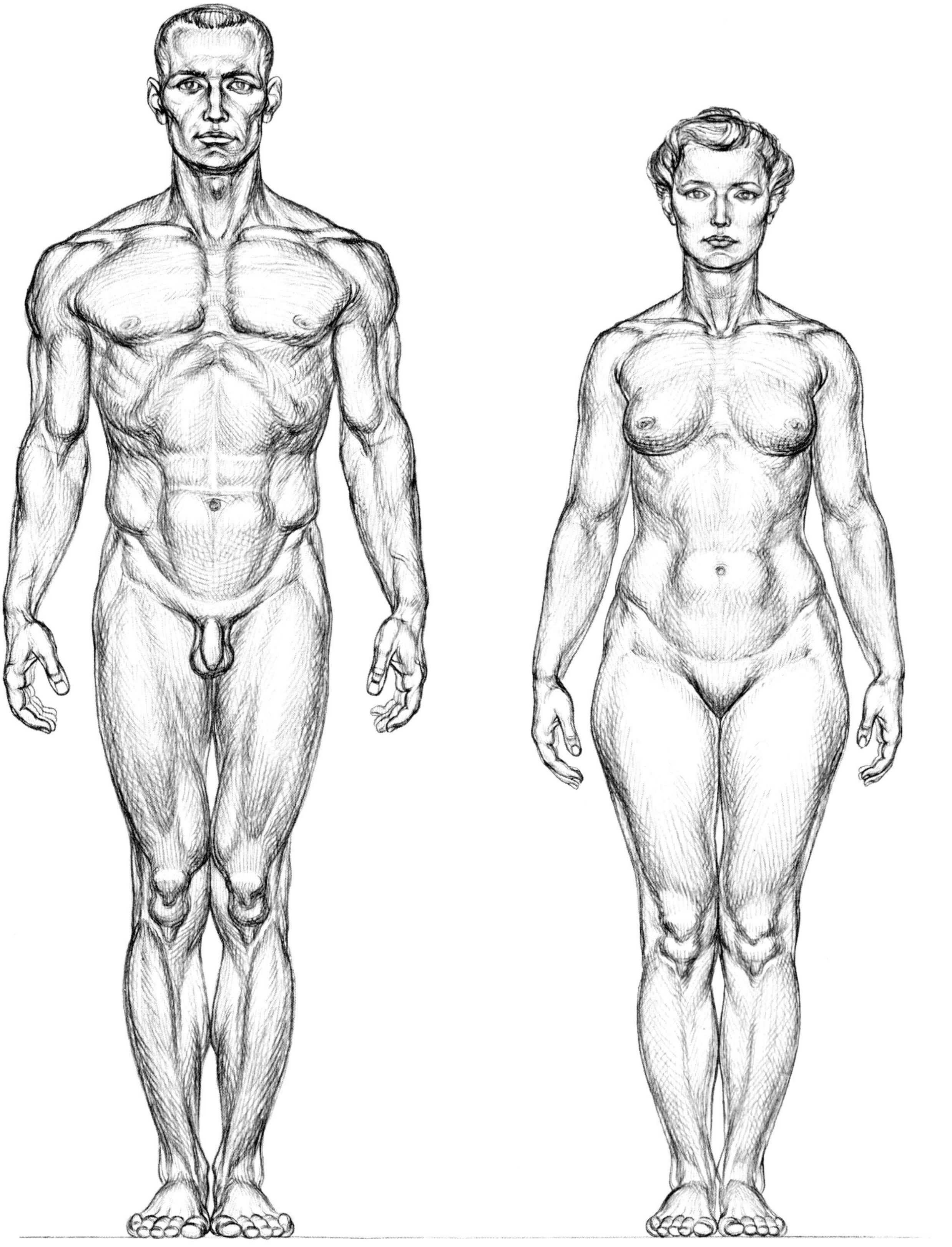

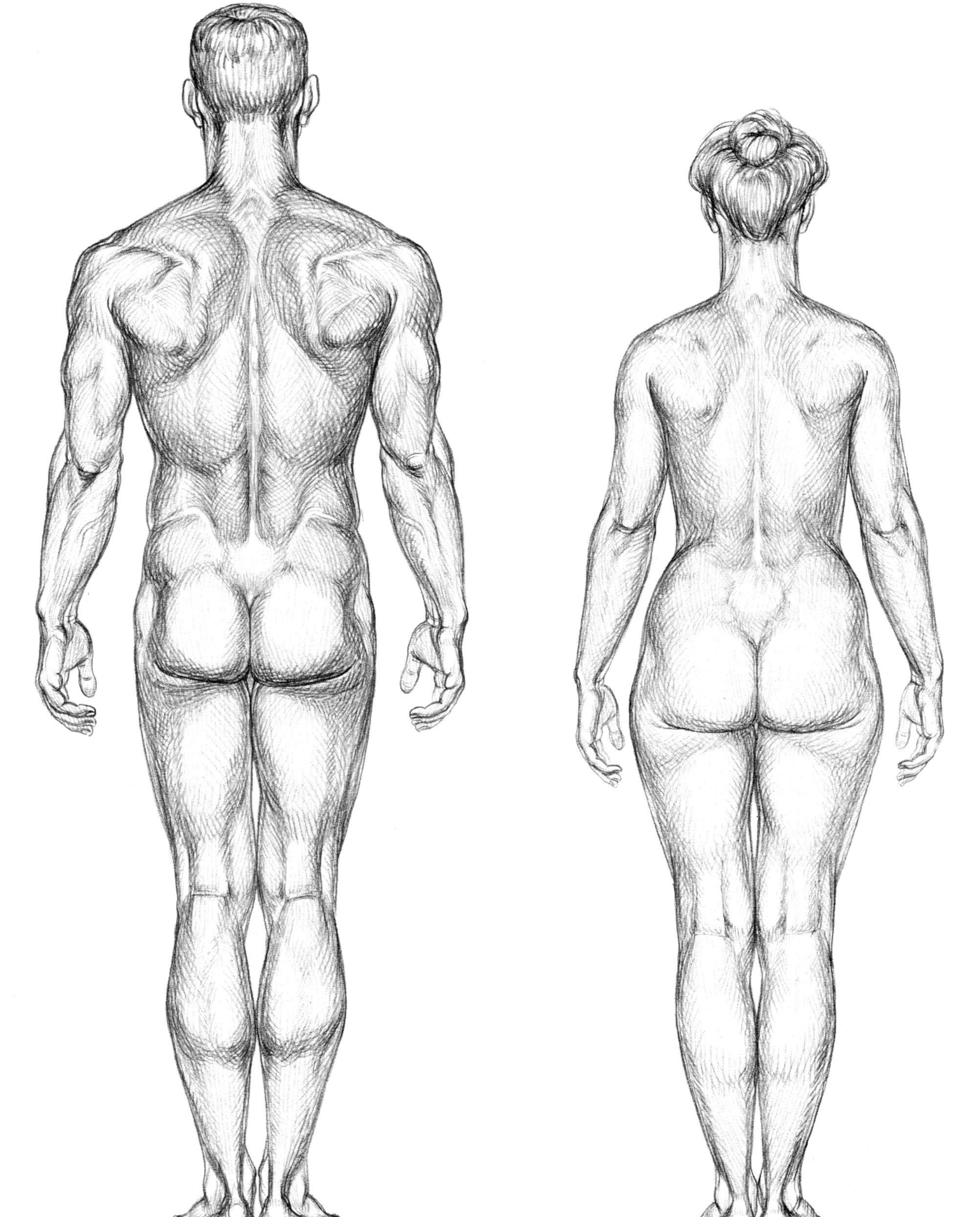

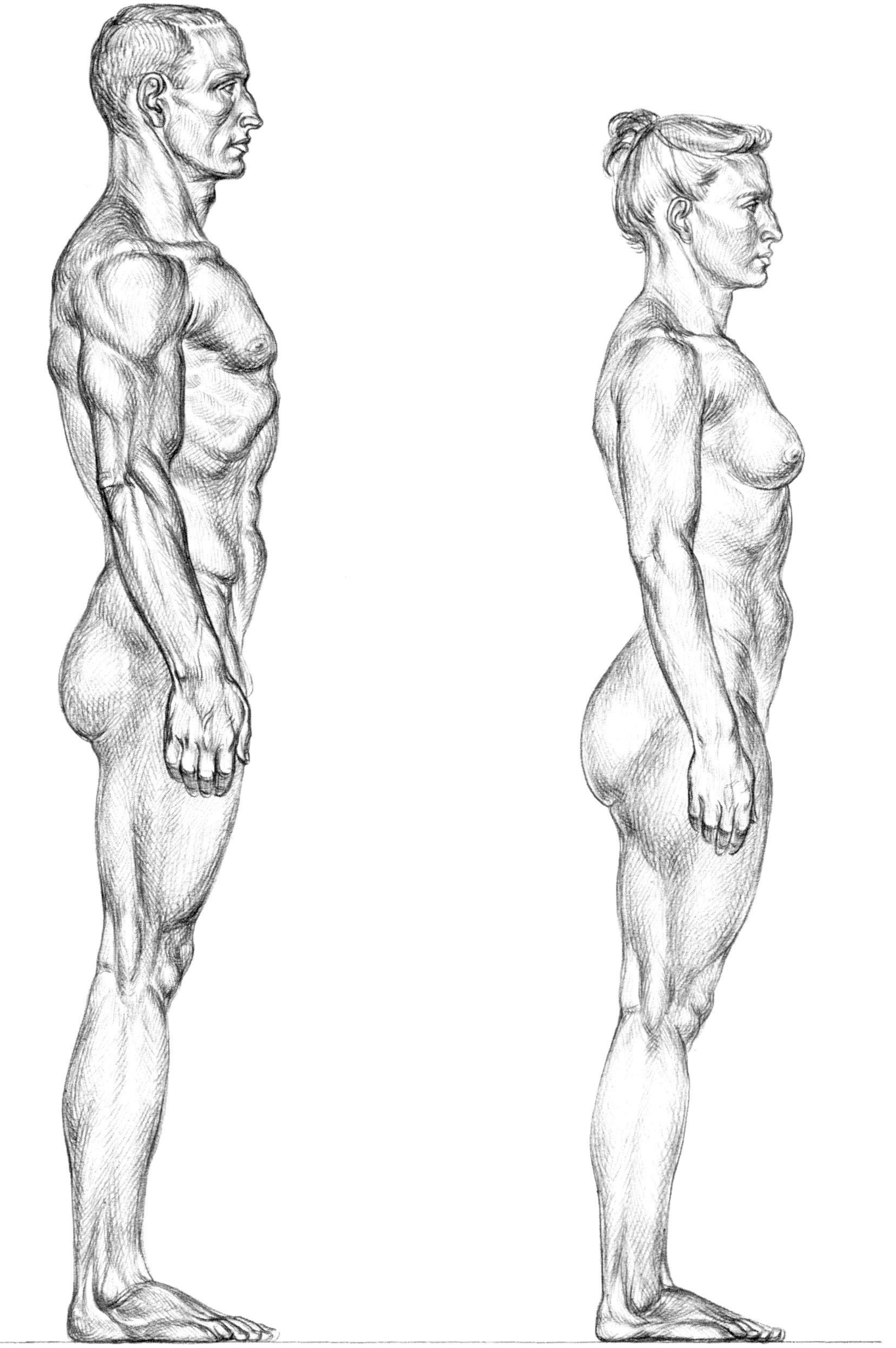

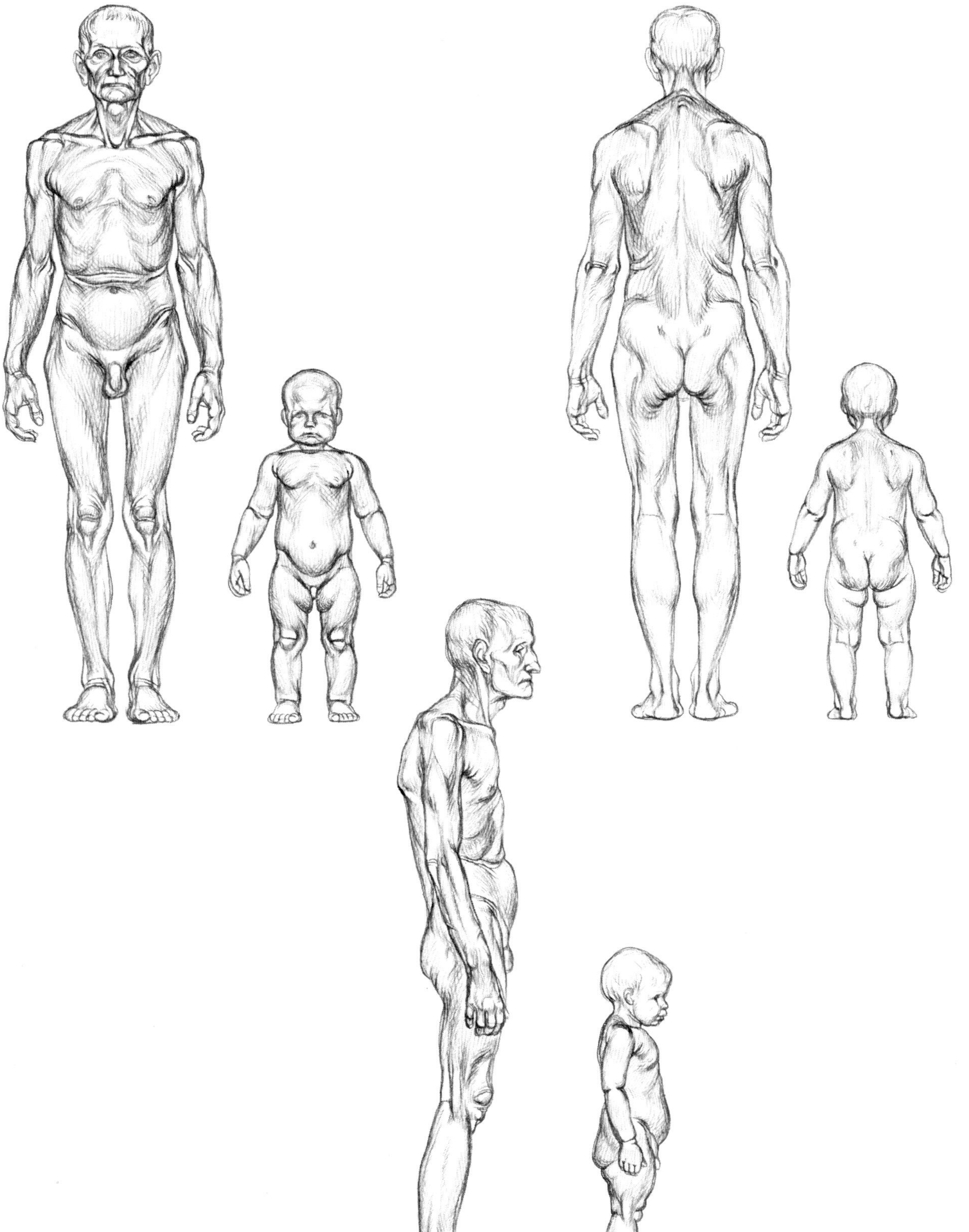

Register

Die kursiv gesetzten Zahlen beziehen sich auf die Bildtafeln

Zur Vertiefung und Ergänzung des Themas:

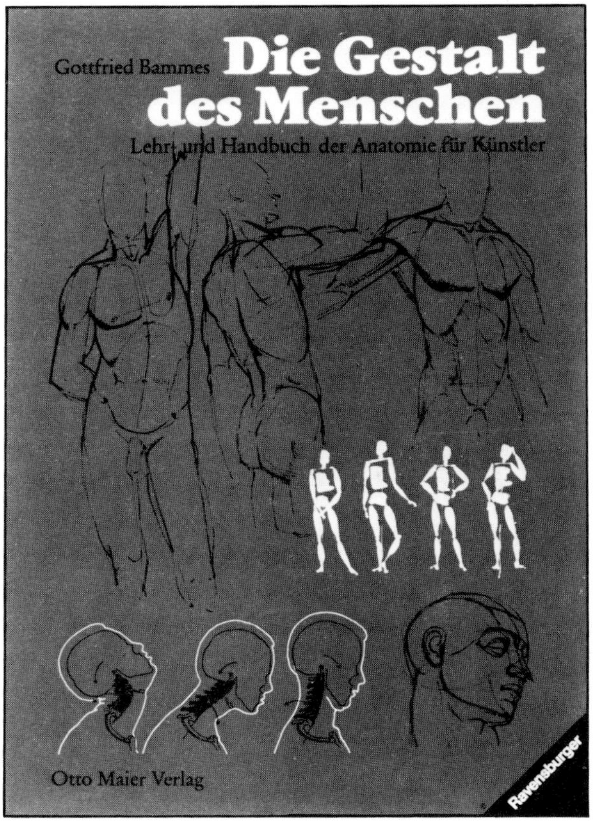

Die Gestalt des Menschen

Lehr- und Handbuch der Anatomie für Künstler von Professor Gottfried Bammes 474 Seiten mit 550, zum Teil mehrfarbigen Abbildungen

Dieses Buch gilt seit Jahren als das große Standardwerk über die künstlerische Anatomie. Denn es spannt einen weiten Bogen von der rein naturwissenschaftlichen Erfahrung und Darstellung des menschlichen Körpers zur künstlerischen Anschauung und Wiedergabe. So wird das Buch für den Künstler unentbehrlich, wie es für den Kunststudenten nützlich und wichtig sein kann. Professor Bammes beschäftigt sich in den großen Hauptkapiteln mit den menschlichen Proportionen, mit den statischen und dynamischen Grundlagen für die Haltung und Bewegung des Menschen und schließlich mit den plastischen Bausteinen des Körpers, mit den Körperteilen. Zur Illustration verwendet der Autor sowohl die Sachfotografie als auch die anatomische Zeichnung und – nicht zuletzt – zahlreiche Künstlerbeispiele.

Aus der Reihe „Bibliothek des Freizeitmalers“:

Aktzeichnen mit Bleistift, Kreide und Kohle
von Wendon Blake
80 Seiten mit 170 Schwarzweiß-Abbildungen von Uldis Klavins

An zehn Aktzeichnungen wird dem Leser vorgeführt, wie sich eine solche Zeichnung aus den ersten Hilfslinien entwickelt, wie der Zeichner sie verfeinert, wie er Lichter setzt und Schatten anlegt, um die sitzende, stehende oder liegende Figur plastisch und wirklichkeitsnah werden zu lassen. Daneben eine Reihe grundlegender Informationen über Proportionen, Körperteile, Körperhaltungen.

Porträtzeichnen mit Bleistift Kreide und Kohle
von Wendon Blake
80 Seiten mit 178 Schwarzweiß-Abbildungen von John Lawn

Auch hier kann der Leser zehn Zeichnungen Schritt für Schritt in ihrer Entwicklung mitverfolgen und anhand des Textes nachvollziehen, wie eine Porträtzeichnung angelegt und vollendet wird. Neben diesen Bildern gibt es eine Fülle von Detailzeichnungen, die helfen sollen, die Form des Kopfes besser zu erfassen und wiederzugeben und auch seine Details wie Mund, Nase, Ohren und Augen in den verschiedenen Positionen genauer zu zeichnen.

Aktmalerei in Öl
von Wendon Blake
80 Seiten mit 86 farbigen und 64 Schwarzweiß-Abbildungen von George Passantino

Den grundlegenden Hinweisen über Material und Arbeitsbedingungen sowie den Beispielen für die Komposition eines Aktes folgen auch in diesem Band zehn Bildbeispiele stehender, liegender und sitzender männlicher und weiblicher Akte in unterschiedlichen Ansichten, die der Leser Schritt für Schritt in ihrer Entstehung mitverfolgen kann.

Otto Maier Verlag Ravensburg